극지로 온 엉뚱한 질문들

박숭현 지음

지은문고

극지연구소에서 일한 지 어느새 20년이 되어간다. 돌이켜 보면 극지에서 했던 탐사와 연구를 통해 지구를 이해하는 폭이 훨씬 넓어진 것 같아 보람을 느낀다. 특히 한국 최초이자 현재까지 유일한 쇄빙연구선인 아라온호를 타고 남극해를 탐사했던 활동은 매우 극적이어서 마치 모험극 속 주인공이 된 듯한 심정에 빠지기도 한다. 그런데 극지연구소가 좀 특수한 직장이다 보니 일상생활에서 당황스러운 대화를 종종 경험한다. 예를 들면 이런 거다.

"직장이 어디세요?"

"극지연구소요."

"예?? 국제연구소요?"

(외교 문제를 연구하는 곳으로 생각하는 건가?)

"아뇨, '극지'연구소요."

"아, '극기'연구소요?"

(헐…… 극기…… 극기 훈련하는 곳으로 아신 모양.)

"아뇨, 극기가 아니라 남극, 북극 할 때 '극지'인데요."

"아하, 네, 죄송합니다……."

다음과 같은 대화도 있다. 상대방이 내 직장이 극지연구소라는 것을 알게 된 상황.

"극지연구소요? 와, 그럼 남극 가보셨어요?"

(대개 남극 가봤냐고 묻지 북극 가봤냐고 묻지 않는다.)

"펭귄 보셨어요? 펭귄 실제로 보면 진짜 귀엽나요? 저 펭수 엄청 좋아하는데."

"남극도 가봤고 펭귄도 봤습니다."

(펭귄 예쁘죠. 하지만 이런 질문을 너무 자주 받으면 식상하지 않을까요?)

"한국은 몇 년 만에 나오신 거죠? 추운 데서 고생 많으셨겠네요."

"예? (잠시 이해를 못 함) 무슨 말씀인지……."

"극지연구소, 남극에 있지 않나요?"

"(헐……) 극지연구소는 인천에 있습니다. '세종과학기지'랑 헷갈리신 것 같네요. 대부분 세종과학기지만 아시는데 '장보고'라는 기지도 있습니다. 세종과학기지는 남극대륙 인근 킹조지섬에 지어진 대한민국 최초 기지고, 장보고과학기지는 두 번째 기지인데 남극대륙에 지어진 기지라는 점에서 의의가 크다고 볼 수 있습니다. 극지연구소는 이 기지들을 관리합니다. 이 기지들에서 1년간 생활하는 것을 월동이라고 합니다. 남극은 9개월 동안 겨울인데 하루 종일 캄캄하기 때문에 이 기간 동안에는 활동에 많은 제약이 있습니다. 그래서 기초 자료 수집과 시설 관리를 할 최소한의 인원이 월동을 합니다. 대체로 극지연구소 연구원들은 남극의 여름에만 남극에 갑니다. 남극은 남반구에 있으니 한국이랑 계절이 반대죠. 한국에서는 겨울에 가는 건데 남극에선 여름입니다. 북극권에도 한국 기지가 있는데 혹시 아시나요? 기지 이름은 '다산'입니다. 노르웨이령 스발바르라는 섬에 있습니다. 남극연구소가 아닌 극지연구소가 된 것은 남북극을 모두 연구하기 때문이죠."

"아하, 극지연구소가 인천에 있는지 몰랐네요. 세종과학기지는 많이 들어봤어요. 장보고과학기지도 얼핏 들어본 것 같네요. 그런데 북극에도 기지가 있었군요. 다산과학기지, 처음 들었어요. 남극이나 북극에는 매년 가시나요? 한 번 가면 보통 얼마나 머무나요?"

"의무적으로 가는 건 아니고 해야 할 일이 있을 때 갑니다. 일이란 남북극 현장 조사입니다. 대개 한 달이고 길면 두 달 이상 머물기도 합니다."

"아, 그렇게 오래 계시는 건 아니네요."

"남극 생활은 어떤가요? 그 추위를 어떻게 대비하나요? 남극에선 뭘 먹죠? <남극의 셰프> 영화 보셨어요? 전 정말 재밌게 봤어요."

"전, 영화는 못 봤습니다(이 책을 집필하기로 결심한 이후 영화를 봤다). 기지 사람 대부분이 한국인이고 한국 주방장이 요리하는데 한국에서 먹는 거랑 뭐 크게 다르겠어요?"

이런 대화를 되풀이하다 보면 '극지'가 일상에서 자주 사용되지 않는 단어임을 새삼 깨닫는다. 극지가 극기에게 밀리다니, 충격이었다. 한국 사회의 유교 전통 때문일까, 아니면 극기훈련이 널리 행해져서 그럴까. '극기'는 『논어』에 나오는 유명한 공자의 말이다. 문제는 극기 다음에라도 '극지'를 떠올리는 사람이 거의 없다는 것. '남극과 북극'의 극지라고 또박또박 말해야 겨우 알아듣는다.

극지에 대한 무심한 반응과 달리 남극에 대한 반응은 뜨겁다. 극지연구소 이름이 남극연구소라면 바로 알아듣지 않을까? 영국에는 남극연구소와 극지연구소 모두 있는데 남극연구소가 더 오래된 데다 훨씬 규모가 크다. 대부분 사람이 극지라는 단어는 낯설어 해도 남극에는 관심이 많다. 남극 여행이 버킷 리스트 중 하나라며 가는 방법을 묻는 사람도 있고, 힘들 때 남극 기지에서 송출하는 실시간 CCTV 영상을 보며 마음을 치유한다는 사람도 있다. 매년 봄 지하철에 붙는 월동대 모집 광고를 보면 직장을 때려치우고 월동대 지원서를 내고 싶은 충동이 든다는 친구도 있었다. 그런데 남극을 향한 엄청난 관심이 무색하게도 구체적인 대화를 나눠보면 남극 역시 잘 모른다.

"남극에 관심 많으시네요, 그런데 북극에도 펭귄이 있을까요, 없을까요?"
"글쎄요, 있을 것도 같고 없을 것도 같고……."
"그러면 남극에도 곰이 있을까요, 없을까요?"
"글쎄요, 있을 것도 같고 없을 것도 같고……."
"남극과 북극의 결정적 환경 차이는 무엇일까요?"
"글쎄요, 북극은 북쪽에 있고 남극은 남쪽에 있다는 사실 외엔 잘 모르겠……."

여러분은 답을 알고 있는가? 모른다고 걱정할 필요는 없다. 이 질문들에 자신 있게 대답하는 사람은 거의 만나보지 못했으니까. 남극을 향한 폭발적 관심과는 달리 남극 역시 일반인에겐 극지와 마찬가지로 생소한 대상일 뿐이다. 현실이라기보다는 낭만 가득한 동경의 대상에 가까워 보인다. 그래도 여기까지 오면 남극에 관한 대화는 현실적인 차원으로 이어진다.

"남극까지 가서 무슨 일을 하는 건가요? 남극에 자원은 많이 있나요?"

"예, 자원은 아주 많습니다. 석유를 비롯해 유용한 광물자원이 많다는 사실은 이미 확인됐습니다. 남극은 특정 국가의 영토는 아니지만 여러 국가들이 공동 관리하고 있죠. 이 국가들이 1998년을 기점으로 남극 자원을 개발하지 말자는 조약을 맺었어요. 1961년 발효한 남극조약의 후속 조치였죠. 당장 개발할 수 없는 거죠."

"그럼 그 후엔 개발할 수 있나요?"

"이후 일정은 아무도 모릅니다. 일단 남극조약의 목적은 인류가 남극을 충분히 이해하기 전까지 섣부른 개발을 하지 말자는 건데 과연 그때까지 남극을 충분히 알 수 있을까요? 만약 개발할 여건이 되면 과학 연구를 많이 한 나라에 더 많은 자원이 돌아가도록 하자는 암묵적 동의가 있긴 합니다만, 아직까지 남극에서는 과학 연구만 허용됩니다. 남극은 지구에서 중요한 부분이기에 과학적으로 매우 흥미로운 지역입니다."

"남극을 둘러싸고 그런 조약이 있다니, 놀랍네요. 현 단계에선 과학 연구만이 허용되고 기여를 많이 한 나라에 더 많은 이익을 주자는 점이 신기해요. 아참, TV에서 남극 빙하가 무너지는 영상을 본 적 있어요. 남극 얼음 정말 녹고 있나요? 남극에 가면 지구온난화를 체감할 수 있나요? 빙하가 녹는 게 보이나요? 빙하가 다 녹으면 어떻게 되는 건가요? 불안해요."

이야기가 여기까지 오면 남극 관련 대화는 더 이상 진행하기 힘들다. 무겁고 어려운 주제라서다. 남극은 불안의 상징이기도 하다. 남극 이야기가 복잡해지면 화제는 자연스레 북극으로 넘어간다.

"북극 해빙도 녹고 있단 이야기를 많이 들었습니다. 해빙이 녹아 사냥을 못 하게 된 북극곰이 굶어 죽고 있다는 기사도 본 것 같네요. 남북극 모두 기후 변화로 난리네요. 그런데 북극은 남극과 어떻게 다른가요?"

"우선 남북극의 큰 차이 중 하나는 남극에는 거대한 대륙이 자리하지만 북극은 대부분이 바다라는 사실이죠. 주인이 없는 남극과 달리 북극 대부분은 특정 국가의 배타적 경제수역이거나 영토라는 점도 큰 차이겠죠. 북극해를 둘러싼 나라들을 보면 러시아, 북유럽 국가, 캐나다, 미국, 정말 쟁쟁합니다. 북극해에는 국가 간 경계가 애매한 해역이 있어 분쟁 소지가 다분합니다. 북극해가 쓸모없는 지역이라면 문제가 없겠지만 석유 매장량이 높은 데다 수산 등 자원이 많다고 알려져 있으니까요. 말씀대로 북극 해빙이 녹고 있습니다. 과학자들은 북극해 해빙의 급격한 감소가 요 몇 년 한반도 겨울철 이상 한파의 주요 원인 중 하나라고 추측합니다. 지구온난화로 인한 북극해 해빙 감소는 우려스러운 환경 변화입니다. 한편으론 북극해 해빙이 감소하면 경제체제가 바뀌리라는 전망도 있어요. 사실 북극해는 유럽과 아시아-북미를 잇는 최단 경로입니다. 현재는 해빙 때문에 쇄빙선 외에는 항해할 수 없어 무역 항로로 거의 활용되지 못하죠. 하지만 해빙이 감소해 일반 무역선이 다니게 되면 현재 인도-태평양 중심의 해상 무역로를 상당 부분 대체할 수 있어요. 여러 가지 이유로 북극해를 둘러싼 주변 국가의 이해관계는 첨예하게 대립합니다. 국가 간 상호 협력이 잘 이루어지는 남극과 달리 북극에는 긴장이 감도는 상황입니다."

앞의 대화가 암시하듯 극지는 과학은 말할 것도 없이 경제·정치적으로 매우 중요한 지역이다. 미래 자원으로서의 가치뿐만 아니라 구체적인 물질로 환원할 수 없는 보이지 않는 현재적 가치가 매우 높다. 극지 환경의 변화는 미래 인류의 삶에 심원한 영향을 미칠 수 있기에 장기적인 관찰과 지속적인 연구가 필요하다. 이 중요한 지역이 대부분 막연한 동경의 대상이거나 펭귄이나 북극곰 등 몇 가지 이미지로만 인식되는 현실은 좀 아쉽다. 극지의 현실과 일반인의 상상 사이 간극이 아직 너무 크다. 한국의 극지 연구 역사가 40년이 되어가고 전문

연구 기관인 극지연구소가 출범한 지 올해로 20년이 지났는데 말이다. 극지 관련 연구가 아직 전문적인 차원에 머무르는 탓도 있을 것이다. 극지는 전문적인 연구 영역으로만 남기에는 매우 중요한 지역이다.

어떻게 하면 현실과 상상 사이 간격을 조금이라도 줄일 수 있을까? 극지를 모르는 일반인이 무심코 던지는 소박한 질문에 진지하게 답하다 보면 이 간격이 조금은 줄어들지 않을까? 극지 경험이 많은 전문가로선 엉뚱한 질문이지만, 극지 경험이 없는 사람으로선 자연스러운 질문일 테니까.

이 책은 이런 문제의식 하에서 일반인이 단순한 호기심으로 무심코 던졌을 가상 질문에 대답하는 방식으로 꾸몄다(실제로 질문 대부분을 극지 경험이 없는 사람이 골랐다). 남북극 자연은 물론 극지에 얽힌 인간의 역사도 다뤘다. 극지를 이해하려면 남북극만으로는 부족하다. 극지는 고립된 지역이 아니라 지구 전체와 상호작용을 하기 때문이다. 극지와 관련이 깊은 심해 세계와 생물 그리고 지구 내부에 관한 질문까지 담았다. 이 책이 극지는 물론 지구 입문서 역할도 했으면 좋겠다는 바람이다.

그럼 첫 번째 질문으로 시작해보자.

극지란 무엇일까?

극지 OX 퀴즈

극지, 얼마나 알고 있나요? OX로 답해보세요.

1 남극에도 곰이 살고 있다 ☐

2 북극에도 펭귄이 살고 있다 ☐

3 남극점에 가면 펭귄을 만날 수 있다 ☐

4 남극에서 스쿠버다이빙을 할 수 있다 ☐

5 북극점에는 땅이 있다 ☐

5 남극에도 사막이 있다 ☐

6 남극이 북극보다 더 춥다 ☐

7 오로라는 남북극에서 모두 볼 수 있다 ☐

9 북극해 얼음이 다 녹으면 해수면이 급격히 오른다 ☐

10 남극에도 주인이 있는 땅이 있다 ☐

2장 세상 끝을 향한 도전

3장 바닷속이 궁금해

4장 지구 속이 궁금해

남극 기지
&
북극 기지

세종과학기지는 킹조지섬에 위치하며, 장보고과학기지는 남극대륙 테라노바만 연안에 위치합니다. 다산과학기지는 북극 스발바르섬에 위치하고 있습니다.

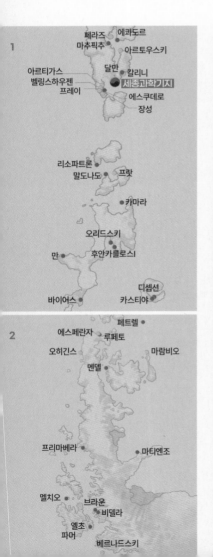

1

페라즈
마추픽추
에콰도르
아르토우스키
아르티가스
벨링스하우젠
프레이
달만
칼리니
세종과학기지
에스쿠데로
장성
리소파트론
말도나도
프랏
카마라
오리드스키
만
후안카를로스
디셉션
바이어스
카스티야

2

페트렐
에스페란자
루페토
오히긴스
마람비오
멘델
프리마베라
마티엔조
멜치오
브라운
비델라
엘초
파머
베르나드스키

오르카다스
시그니
1 2
게리츠
로데라
카르바할
산마르틴
포실블러프
스카이블루
태평양
루스

월동 기지
하계 기지
대한민국 기지

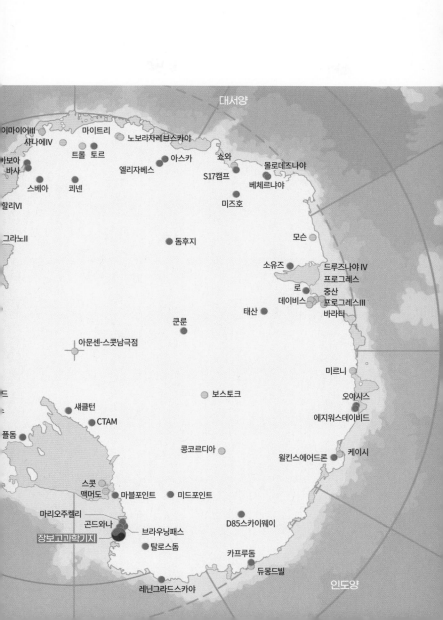

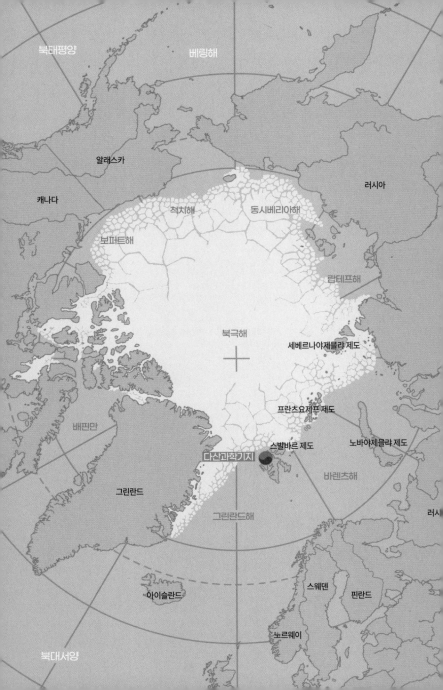

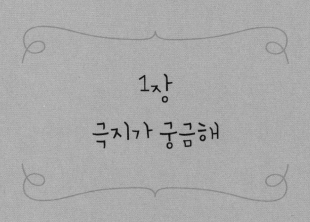

1장
극지가 궁금해

왜 극지라고 하나요?
극한으로 추워서 극지인가요?

극지란 쉽게 말해 남극과 북극을 통칭한다고 할 수 있겠네요. 하지만 그렇게 단순하지만은 않습니다. 일단 극지는 '극에 있는 땅'이란 뜻이니, 우선 극이 무엇인지 알아야 의미가 명확해지지 않을까요?

'극' 하면 극한, 끝, 익스트림extreme을 떠올립니다. 남북극이 워낙 춥고 혹독한 기후다 보니 극한과의 연결이 자연스러워 보이긴 합니다. 그런데 극지의 '극'은 극한이 아니라 '축axis'을 뜻합니다. 갑자기 웬 축이냐고요? 여기서 축은 지구자전축입니다. 북극곰을 폴라 베어polar bear라고 한다는 건 아실 거예요. 극지연구소 영문 표기도 'Korea Polar Research Institute'입니다. 폴라는 회전축을 의미합니다. 라틴어 폴라리스Polaris에서 온 말이죠.

폴라리스, 왠지 좀 친숙하지 않나요? 북극성을 지칭하는 영어 단어가 바로 폴라리스니까요. 영어 폴라리스는 라틴어 폴라리스에서 온 말입니다. 북극성의 라틴어 명칭은 스텔라 폴라리스Stella Polaris, 스텔라가 별을 뜻하니 회전축에 위치한 별이지요. 좀 길다 보니 스텔라는 탈락하고 폴라리스만 남은 겁니다. 폴라리스는 회전축을 뜻하는 라틴어 남성형 명사 polus의 형용사형이며, polus는 고대 그리스어 pólos에서 파생한 단어입니다. '극極'의 영어 단어인 pole도 라틴어 명사 polus(m.)에서 파생했답니다. 의미대로 하면 북극성은 축별이고 북극곰은 축곰이네요.

어원을 살펴보니 극은 혹독하다거나 세상 끝이라거나 하는 의미와는 거리가 멀어 보이죠. 극은 지구상 어떤 지역이라기보다 하늘과 땅의 점이고 기준입니다. 여기서 조금 더 생각해봅시다. 지구는 둥급니다. 구에서 끝은 어디일까요? 삼각뿔이나 육면체는 꼭짓점을 극으로 볼 수 있겠지만, 구는 그런 특별한 점이 없습니다. 구는 모든 점이 중심에서 같은 거리에 놓여 있기 때문이죠. 지구는 완벽한 구가 아니고 타원체 아니냐고 반문하는 분이 있을지 모르겠네요. 지구가 타원체이긴 하지만 현실적으로 지구만큼 구형에 가까운 구를 만들기도 어렵습니다. 결국 극지에서의 극은 지구가 자전하기 때문에 생기는 장소입니다.

나침반을 따라 북쪽 또는 남쪽으로 쭉 가면
북극점과 남극점에 도달하나요?

우리는 방향을 확인할 때 나침반을 사용합니다. 나침반은 남극과 북극을 가리킨다고 알고 있죠. 그럼 나침반이 가리키는 대로 계속 북으로, 계속 남으로 가면 각각 북극점과 남극점에 닿을까요? 아니요. 나침반을 쭉 따라가도 지구자전축이 지구와 만나는 지점에 도달할 수 없습니다. 나침반이 가리키는 남북극은 지구자전축으로 정의되는 남북극과 위치가 다르기 때문입니다.

지구자전축으로 정의되는 극점을 보통 지리상 남극, 북극이라고 하며 나침반이 가리키는 지점을 자북극, 자남극이라고 부릅니다. 즉 극점이 네 개인 셈입니다. 왜 남북극과 자남북극은 위치가 다를까요? 더 나아가 지구는 왜 자성을 띠고 있을까요? 지구가 자성을 띠는 것은 지구 내부

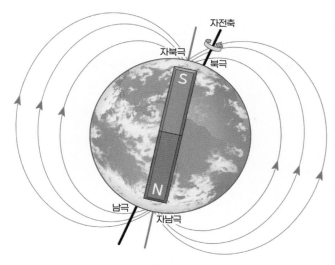

지구는 거대한 자석입니다
지구라는 자석은 S극이 북쪽에 있고 N극이 남쪽에 있다는 걸 확인하시길

구조와 자전과 밀접한 관련이 있습니다. 지구는 지각, 맨틀, 핵의 구조를 갖고 있고 핵은 내핵과 외핵으로 나뉘며 외핵이 액체라는 말은 들어보셨죠? 지구자기장은 외핵에 들어 있는 전하를 띤 입자들이 지구의 자전과 함께 회전하면서 유도된다는 게 정설입니다.

지구는 커다란 막대자석과 비슷합니다. 막대자석처럼 북쪽은 S극, 남쪽은 N극을 띱니다. 지구 자기축은 지구자전축으로부터 11.5° 기울어져 있습니다. 그런데 지구자기 장은 변화해요. 따라서 지구 자기의 북극과 남극도 위치가 변합니다. 지리상 남북극도 물론 중요하지만 자남극과 자 북극도 매우 중요합니다. 특히 나침반에 기대 항해하던 과 거에는 더욱 그랬죠. 지구자기장 방향을 정확히 파악해야 안전하게 운행할 수 있었거든요. 무엇보다 지구자기장은 태양에서 날아오는, 생명체들에게 유해한 입자들을 차단 하는 역할을 합니다. 태양에서 날아오는 입자 대부분은 지 구자기장 밖으로 튕겨 나가지만 일부가 북극과 남극에 모 여 지구 상층 대기와 충돌해 나타나는 현상이 바로 오로 라입니다.

극점에 가면 정말 세상 끝에 선 느낌인가요?

누구나 남극에 가보고 싶어 합니다. 흥미롭게도 북극에 가고 싶다는 분은 별로 본 적 없네요. 왜 다들 남극에 가고 싶어 할까요? 여행을 떠나고 싶은 이유는 저마다 다르겠지만 익숙한 환경에서 벗어나 이국적인 곳에서 새롭게 충전하고 싶기 때문 아닐까요. 거대한 남극 빙하를 배경으로 뒤뚱뒤뚱 걸어 다니는 귀여운 펭귄들! 이국적인 느낌이 물씬 풍기잖아요? 반면 북극은 남극에 비해 대표하는 이미지가 좀 부족하죠.

그런데 어디를 가야 '남극에 갔다 왔다'라고 할 수 있을까요? 쉬운 질문은 아닙니다. 먼저 확실한 남극, 확실한 북극인 극점을 이야기해볼까요. 20세기 초 극점을 최초로 정복하려고 여러 탐험가가 목숨을 건 모험을 했습니다. 진입

장벽이 비교적 낮아진 지금도 극점에 가는 것은 매우 어려운 일입니다. 극지연구소에도 남극점에 다녀온 사람은 드물거든요.

극점은 남북극을 대표하는 지점인데 가장 혹독하게 춥거나 가장 먼 곳은 아닙니다. 남극이나 북극에는 극점보다 추운 곳이 많습니다. 또 흔히 남극점이 한국에서 지리적으로 제일 먼 곳이라 생각하는데, 제일 먼 곳은 우루과이와 아르헨티나입니다. 한국뿐만 아니라 대부분 나라에서 가장 먼 곳은 극점이 아닙니다. 남아메리카나 호주, 뉴질랜드, 아프리카에선 남극이 결코 멀지 않습니다.

자, 그럼 극점에 가면 대체 어떤 느낌일까요? 일단 북극점은 그냥 해빙 위지만 남극점에는 '아문센-스콧'이라는 미국 기지가 있습니다. 저도 가본 적 없어 경험담을 말할 순 없지만, 극점만의 특수성은 존재합니다. 극점에 선다는 것은 자전축 위에 선다는 뜻이기 때문입니다. 자전축에선 밤과 낮이 하루가 아닌 한 해를 기준으로 바뀝니다. 반년 동안 밤이다가 별안간 낮으로 바뀌어 반년을 지속하기 때문이죠. 시간 기준도 다릅니다. 서울에 살면서 밤낮이 다른 뉴욕에 맞춰 살 수는 없지만, 극점에서는 어떤 시간이든 선택할 수 있습니다. 모든 경도선이 만나거든요. 그러니 극점에 선다면 시간에 대해 새롭게 느껴볼 수 있지 않

아문센-스콧남극점기지　ⓒarchitectmagazine.com

을까요? 덧붙여 남극점은 두꺼운 빙상 때문에 고도가 무려 2,800m를 넘습니다. 고도가 2,744m인 백두산보다 높은 거죠. 남극점에서 일을 하려면 고산 적응 훈련을 받아야 합니다.

왜 북극을 영어로 'Arctic'이라 하나요?

Arctic, 낯선 단어죠? 동아시아에서 북극, 남극이라고 하듯이 그냥 North Pole, South Pole 하면 쉬울 텐데 영어권에선 왜 아틱이라고 할까요? 유래를 알기 위해선 아주 먼 과거로 거슬러 올라가야 합니다. 고대 그리스인은 천구의 축에 위치한 북극성이 작은곰자리에 속한다고 생각했습니다. 그래서 북극에 '아르티코스arktikós'라는 이름을 붙였습니다. 아르티코스는 고대 그리스어로 곰을 뜻하는 '아르크토스árktos'의 형용사형으로, 북극성이 있는 작은곰자리에서 가깝다는 의미입니다. 이게 라틴어 '아르크티쿠스arcticus'를 거쳐 북극을 지칭하는 영어 아틱이 된 거죠. 유래를 살펴보니 곰과 관련된 단어는 맞네요. 하지만 북극을 상징하는 북극곰과는 아무런 관련이 없답니다. 기원전 그리스인은 지중해를 중심으로 활동했기에 북극곰을 봤을 리 없거든요. 남극을 뜻하는 안타티카Antarctica는 Arctic에 반대를 뜻하는 접두사 'anti-' 또는 'ant-'가 결합한 단어로 '북극의 반대쪽'이란 의미입니다. 남반구를 볼 수 없던 유럽의 고대인이 남극을 북극의 상대개념으로 설정했음을 알 수 있습니다.

어디까지가 남극이고 어디까지가 북극인가요?

극점만이 남북극은 아니란 사실은 너무 당연하니 굳이 설명할 필요는 없겠죠. 그럼 남북극의 범위는 대체 어디까지일까요? 사실 여기서부터는 약속의 영역입니다. 그 경계는 모호하고 완벽한 정의는 없습니다. 용어 사용에 정확성을 기한다면 남극권, 북극권이라는 용어를 사용하는 편이 좋겠네요. 재밌게도 남극권과 북극권의 범위는 다릅니다.

남극권은 남극조약에 따라 남위 60°보다 고위도를 남극이라고 규정합니다. 극지연구소에서는 행정적으로 60°를 넘어간 곳부터 남극 출장으로 분류합니다. 세종과학기지는 남위 63°에 위치하니 남극에 포함되죠. 남위 75°인 장보고과학기지는 말할 것도 없고요.

북극권은 북위 66° 이북을 가리킵니다. 보통 이 위도가

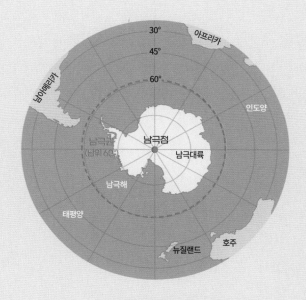

남극권과 북극권의 범위

하지에 태양이 지지 않는 백야 현상, 동지에 태양이 뜨지 않는 극야 현상이 일어나는 경계에 해당하기 때문입니다. 이 위도까지 오로라가 보인다는 그럴듯한 이유도 있네요. 남반구에서도 오로라가 보이는 위도는 비슷하기에 아쉽게도 세종과학기지에선 오로라를 못 봅니다. 남극권과 북극권부터 대체로 극지방 기후가 나타납니다. 물론 그 범위가 엄청나게 넓기에 같은 남극권이나 북극권이라도 지역마다 차이가 큽니다.

극지방은 뼛속까지 춥다던데, 남극과 북극 어디가 더 춥죠?

극지는 온도와 관계없이 지구자전축과 그 주변에서 비슷한 환경을 공유하는 지역입니다. 그런데 자전축 부근이 반드시 추워야 할까요? 태양을 기준으로 지구자전축이 태양의 자전축과 평행하기에 빛을 상대적으로 적게 받아 추울 순 있습니다. 태양계 내 다른 행성도 자전하는 건 알고 있죠? 다만 모든 행성이 태양을 향해 수직으로 서 있진 않습니다. 천왕성은 자전축이 거의 누워 있어 지구 적도처럼 태양을 향하죠. 만약 지구자전축이 천왕성과 같다면 극지는 햇빛을 많이 받아 더웠겠지요.

흥미로운 점은 옛날에는 극지가 반드시 추우리라고 생각하지 않았다는 겁니다. 물론 북극권은 북유럽 국가들이 그 영향권에 있으니 유럽 사람들은 북극이 춥다는 사실은 체험을 통해 알았습니다. 북극권에서 좀 떨어진 동아시아 사람들 역시 북쪽은 춥다고 인식했습니다. 겨울이면 추운 바람이 북쪽에서 불어오니까 '북쪽은 춥다'라는 이미지가 일찌감치 성립했던 것이죠. 그렇다면 남극도 춥다고 생각했을까요? 대체로 남쪽은 따듯한 남쪽 나라를 연상합니다. 유럽 사람들은 북극 반대인 남극은 따듯하리라고 상상했습니다. 18세기 영국 해양 탐험가 제임스 쿡에게 주어진 임무는 따듯한 남방 대륙을 찾으라는 것. 하지만 19세기 남극대륙을 발견하고 보니 따듯하기는커녕 북극보다 더 혹독한 얼음 대륙이 하나 있었죠.

극지방은 왜 추운 걸까요? 극지방이 추워진 데에는 여러 가지 이유가 있습니다. 그리고 남극과 북극이 추워진 이유는 각각 다릅니다. 일단 극지방은 다른 지역보다 햇빛을 비스듬히 받아 일조량이 상대적으로 적어 평균기온이 낮습니다. 하지만 남극 추위를 설명하려면 이것만으로는 부족합니다. 더 결정적인 이유는, 남극대륙이 바다로만 둘러싸여 있다는 점입니다. 남극을 둘러싼 남극해에는 차가운 남극순환류가 빠르게 흐릅니다. 혹독한 남극 환경은 이 남극순환류가 적도 지방의 따듯한 해류를 대륙 연안까지 흘러오지 못하도록 차단하기 때문입니다. 일종의 보랭 효과를 내는 셈이죠. 이 보랭 효과로 인해 내린 눈이 녹지 않고 계속 쌓이는 바람에 남극대륙은 빙하로 뒤덮이게 됩니다. 빙하로 뒤덮이면 햇빛을 더 많이 반사하므로 기온이 더 낮아집니다.

북극은 왜 추울까요? 북극 역시 극지이기에 일조량이 상대적으로 적어 평균기온이 낮지만, 대부분 바다라서 남극보다는 덜 춥습니다. 물은 비열이 높아 열을 더 잘 보존하기 때문이죠. 이런 이유로 북극이 왜 추운가? 라는 질문에 답하기 쉽지 않은데, 북극해 결빙이 중요한 요인일 것으로 생각됩니다. 북극해는 약 300만 년 전 해류가 변화하면서 해빙으로 덮였고 해빙이 햇빛을 반사해 기온을 낮췄습니다. 대서양에서 북극해로 흘러 들어오는 난류는 북극이 해빙으로 덮인 원인이기도 했지만, 북극 온도를 약간 높이는 작용도 합니다. 그래서 북극이 남극보다 덜 추운 거죠. 북극 지방 평균기온은 영하 35~40°C인 반면 남극대륙 평균기온은 영하 55°C에 달합니다. 남극대륙에서는 얼마 전 관측한 바에 따르면 영하 100°C까지 내려가는 곳도 있습니다.

질문이 왜 뼛속까지 춥냐는 것이었는데, 그게 단순히 기온이 낮기 때문만은 아닙니다. 극지에 부는 매서운 바람의 영향이 큽니다. 기온이 별로 낮지 않아도 강한 바람이 불면 춥게 느껴지잖아요.

남극도 온화했던 적이 있나요?

다른 대륙과 멀리 떨어져 고립된 대륙, 그래서 가장 늦게 발견된 남극대륙은 두터운 빙하로 덮여 수시로 눈 폭풍이 몰아치는 극한의 환경입니다. 현재 남극 내륙에는 동물이건 식물이건 전혀 살고 있지 않습니다. 두꺼운 얼음 때문에 생물이 살 여건이 아닌 거죠. 펭귄을 비롯한 생물은 바닷가 연안 좁은 영역에 분포할 뿐입니다.

남극이 얼어붙은 것은 지구 역사와 비교해보면 그리 오래되지 않았습니다. 약 3,400만 년 전부터 얼어붙기 시작해 꾸준히 빙하가 두꺼워진 끝에 지금처럼 98%가 두터운 빙하로 덮였습니다. 20세기 초반 남극점 정복을 두고 노르웨이 탐험가 아문센과 영국 탐험가 스콧이 경쟁한 이야기를 들어본 적 있겠죠. 아문센은 먼저 남극점에 도착해 '남

(위) 남아메리카, 아프리카, 인도, 호주, 남극대륙이
원래 하나의 대륙 곤드와나였다는 가설을 증명하는 글로소프테리스 식물화석
(아래) 곤드와나대륙의 구성. 초록색 띠는 글로소프테리스의 분포 영역

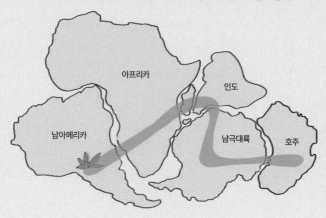

극점 최초 도달자'란 명예를 얻었지만, 한 달 늦게 도착한 스콧은 최초라는 타이틀을 놓쳤을 뿐만 아니라 돌아오는 길에 베이스캠프를 불과 80km 정도 남겨두고 사망하고 맙니다.

하지만 스콧은 남극점을 다녀오는 과정에서 지질조사를 열심히 했습니다. 나중에 그의 시신과 함께 발견된 짐에는 20kg에 달하는 지질시료가 담겨 있었습니다. 스콧이 가져온 지질시료 중 가장 주목받은 게 글로소프테리스라는 식물화석입니다. 글로소프테리스는 과거 남극대륙이 현재보다 훨씬 온화했다는 결정적인 증거였죠. 적어도 식물이 자랄 수 있는 환경이었던 겁니다. 더 나아가 이 식물화석은 남극대륙이 과거에는 아프리카, 남아메리카, 호주, 뉴질랜드와 함께 '곤드와나'라는 거대한 대륙의 한 부분이었다는 가설을 지지하는 매우 중요한 증거가 됩니다. 앞서 거론한 모든 지역에서 발견된 유일한 화석이었거든요. 남극대륙에서 글로소프테리스가 발견됨으로써 곤드와나 퍼즐이 완성되었습니다.

펭귄은 왜 추운 남극에 살까요?

극지연구소에서 일한다고 하면 펭귄 봤냐고 물어보는 사람이 많습니다. 그런데 대화 도중 "펭귄은 철새입니다"라고 말하면 다들 깜짝 놀랍니다. "어머, 펭귄이 철새였어요?" 대부분 사람이 펭귄을 사랑하기만 했지, 어떤 동물인지 잘 모릅니다. 펭귄은 어떤 동물군에 속할까요? 이런 기초 질문에도 말문이 막혀버리죠.

펭귄은 조류입니다. 조류지만 날지 못하죠. 펭귄은 날지 못하는 새입니다. 그런데 어떻게 펭귄은 남극에서 살게 됐을까요? 질문을 바꿔보죠. 펭귄은 남극에서만 살까요? 분명 남극에 많이 살지만, 펭귄은 남극뿐 아니라 남반구 곳곳에 삽니다. 아프리카, 남아메리카, 호주, 뉴질랜드 모두에서 펭귄을 발견할 수 있어요. 다윈이 진화론을 전개하는 데 필요한 자료를 얻은 적도 부근 갈라파고스섬에도 펭귄이 살거든요. 정확히 말해 펭귄이 남극에 산다는 표현은 올바르지 않습니다. 펭귄목 조류 18종 가운데 6종(황제펭귄, 임금펭귄, 아델리펭귄, 턱끈펭귄, 젠투펭귄, 마카로니펭귄) 정도가 남극대륙 연안과 주변 도서 지역에서 번식한다고 알려져 있습니다. 남극에서 서식하는 펭귄은 펭귄 개체 수의 45%라고 하니 전체 펭귄의 절반을 넘지 않는 셈입니다.

남극 펭귄들에게도 남극에 머무르는 기간은 자기 일생에서 상대적으로 짧은 시기일 뿐입니다. 남극 펭귄은 남극의 여름 동안만 번식을 위해 남극대륙 연안에 머무르기 때문입니다. 겨울이 오면 자식을 낳고 기르는 임무를 완수한 펭귄들은 남극대륙을 떠납니다. 다만 남극대륙을 떠난 후 이들이 어디 가서 어떤 삶을 사는지 아직 잘 모릅니다. 과거에는 전혀 알 방법이 없었는데 지금은 펭귄에게 추적 장치를 달아 조금씩 파악해 가는 중이죠. 이런 데도 펭귄이 남극에 산다고 말할 수 있을까요? 결론적으로 펭귄은 남극 텃새가 아닙니다, 철새입니다.

남극 펭귄은 하필 왜 추운 남극에 와서 번식할까요? 남극 펭귄 역시 날지는 못해도 수영 실력은 탁월하니 헤엄쳐서 어디든 갈 수 있는데 말입니다. 역설적이게도 남극 펭귄은 남극이 춥기 때문에 번식하러 옵니다. 남극이 춥기

펭귄목 조류 18종의 모습
여기서 남극 펭귄은 무엇일까요?

임금펭귄

아델리펭귄

턱끈펭귄

젠투펭귄

황제펭귄

로열펭귄

피오르드랜드펭귄

마카로니펭귄

바위뛰기펭귄

스네어즈펭귄

흰날개펭귄

노랑눈펭귄

쇠푸른펭귄

선눈썹펭귄

홈볼트펭귄

마젤란펭귄

케이프펭귄

갈라파고스펭귄

만 한가요? 강한 바람도 불고 태양빛도 강렬합니다. 햇볕이 쨍쨍했다 갑자기 눈보라가 쳤다 날씨가 변덕스럽습니다. 육지는 98% 얼음으로 덮여 있습니다. 겨울에는 밤만 있고 여름에는 낮만 있습니다. 한마디로 대다수 생물에겐 지옥 같은 곳이죠. 역설적이지만 그렇기에 남극은 펭귄에겐 알을 낳고 새끼를 기르기에 최적의 장소입니다. 혹독한 환경 탓에 새끼를 위협하는 천적이 얼씬도 못하거든요.

남극에 펭귄의 천적이 전혀 없진 않습니다. 알을 노리는 도둑갈매기도 있고 펭귄을 잡아먹는 표범물범도 있습니다. 그래도 다른 곳보다 천적이 현저히 적은 데다 천적의 공격에도 펭귄이 효과적으로 방어할 수 있습니다. 펭귄의 두꺼운 지방층은 추위와 눈보라도 거뜬히 버티게 해줄 뿐 아니라 차가운 바다에서도 수영할 수 있게 해줍니다. 덕분에 펭귄은 남극해에 분포하는 크릴과 물고기 같은 먹이를 사냥할 수 있습니다. 천적으로부터 비교적 쉽게 새끼를 보호할 수 있고 먹잇감도 구하기 쉬우니 남극은 새끼를 낳고 기르기에 최적의 장소인 셈이죠. 남극 펭귄은 새끼가 충분히 성장하고 다시 겨울이 찾아오면 남극을 떠나 대양으로 나갑니다. 과학자들은 펭귄이 남극을 떠나는 때를 기념해 4월 25일을 '세계 펭귄의 날'로 정했답니다.

펭귄과 고래의 먹이,
남극 크릴은 새우인가요?

크릴krill은 펭귄과 더불어 남극 하면 떠오르는 생물 중하나가 아닐까 싶네요. 펭귄만큼 사랑받는 생물은 아니지만 또 다른 남극 생물 대표라고 할 만큼 인지도가 높습니다. 요즘 남극 크릴에서 추출했다는 물질로 만든 건강식품이 유행이라 더 주목받는 것 같습니다.

크릴은 어떤 생물일까요? 크릴은 노르웨이어로 '작은 물고기'란 뜻으로 새우나 게와 같은 갑각류인데 바다에 떠다니기에 플랑크톤의 일종입니다. 흔히들 크릴새우라고 하는데, 분류학상 새우와 연관 없는 동물성 플랑크톤입니다. 전 지구 해양에 약 85종이 살며, 해빙이 있는 바다를 선호하기에 남극해가 주 서식지입니다. 북대서양이나 태평양에 살기도 하지만 미미한 수준이라고 하네요. 남극 크릴은

1m³ 바닷물에 보통 10,000~30,000마리나 살 정도로 밀도가 높습니다. 그래서 거대한 무리를 지어 나타나면 바다가 온통 붉게 물듭니다. 보통 식물성 플랑크톤을 먹고 몸길이는 6cm에 몸무게는 2g 내외며 수명은 6년입니다. 주된 산란기는 1~3월이고 대륙붕에다가 한 번에 6,000~10,000개씩 산란합니다. 2~3년 후 성체가 되며 다른 갑각류처럼 성장하기 위해 허물벗기를 반복합니다. 13~20일에 걸쳐 탈피하는데, 딱딱한 키틴질 외골격을 벗어버립니다.

크릴은 남극 생태계에서 차지하는 역할이 매우 큽니다. 남극해 먹이사슬의 근간을 이루기 때문이죠. 남극 생태계의 먹이사슬은 상대적으로 간단합니다. 많은 기각류(남극물개, 게잡이물범, 웨델물범, 코끼리물범)가 대부분 크릴을 먹고 삽니다. 앨버트로스와 아델리펭귄, 턱끈펭귄, 마카로니펭귄, 젠투펭귄, 황제펭귄, 임금펭귄을 포함한 조류도 마찬가지입니다. 남극해에서 보이는 5종의 수염고래(대왕고래, 참고래, 보리고래, 남극밍크고래, 혹등고래) 역시 거의 크릴만 먹고 삽니다. 남극 빙어를 포함한 다양한 어류, 오징어와 같은 무척추동물에게도 중요한 먹이입니다. 직접 섭식하는 종 외에 펭귄을 잡아먹는 표범물범처럼 먹이사슬 상위에 위치한 종에게도 크릴은 없어서는 안 될 존재입니다. 이처럼 다양한 포식자가 단 한 종류의 먹잇감에 매달리는

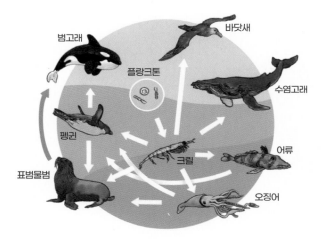

범고래

바닷새

플랑크톤

수염고래

어류

크릴

펭귄

오징어

표범물범

남극해의 먹이사슬

현상은 지구 어디에서도 찾아볼 수 없습니다.

크릴은 대기 중 이산화탄소 조절에도 중요한 역할을 한다고 알려져 있습니다. 과학자들에 따르면 크릴의 배설물은 탄소를 바다 깊은 곳으로 이동시켜 오래 저장되도록 합니다. 그 양이 연간 최대 2,300만 톤에 달한다는 연구 결과도 있습니다. 이것은 볼리비아 전체 연간 이산화탄소 배출량보다 많은 양이라고 하니 지구 탄소 순환에서 크릴의 역할은 무시할 수 없을 것 같네요.

남극과 북극의 얼음 두께는 얼마나 될까요?

　먼저 남극과 북극은 얼음 종류가 다르다는 사실을 말해야겠네요. 그 얼음이 그 얼음 아니냐고요? 예, 얼음도 몇 가지 기준에 따라 분류할 수 있습니다. 일단 북극 얼음과 남극 얼음은 만들어지는 메커니즘이 다릅니다. 북극해를 덮은 얼음은 바닷물이 얼어붙은 것으로 해빙이라고 하고, 남극대륙을 덮은 얼음은 눈이 쌓여 만들어진 것으로 빙하라고 하죠. 그래서 북극해 빙하가 아닌 해빙이 녹고 있다고 해야 맞는 표현입니다. 영어로도 해빙은 sea ice, 빙하는 glacier로 구분합니다.

　해빙은 북극권, 빙하는 남극권에만 있느냐 하면 그건 아닙니다. 북극권에도 빙하가 분포하거든요. 예를 들어 그린란드를 비롯해 스발바르섬, 시베리아 일부, 알래스카, 캐나다 북부 일부 등에도 빙하가 많이 있습니다. 특히 그린란드 빙하는 규모가 매우 큽니다. 빙하는 극지에만 분포할까요, 아닙니다. 높은 산에 눈이 쌓여 녹지 않은 만년설도 빙하라고 볼 수 있죠. 적도 가까운 곳에 위치한 에베레스트에도 빙하가 있는 셈입니다. 해빙은 남극권에도 있습니다. 남극 해빙은 계절별로 큰 편차를 보입니다. 여름철이면 200km²에 가깝게 줄어들고 겨울철이면 1,800km²까지 넓어지곤 합니다.

북극을 대표하는 얼음은 역시 해빙인데, 북극권의 80%는 바다이고 북극점이 위치한 곳도 바다이기 때문이죠. 북극권 해빙은 얇은 곳은 2~3m, 두꺼운 곳은 20m에 달하지만 점점 줄어드는 상태라 그 두께가 앞으로 어떻게 변할지 모르겠네요. 남극대륙은 역시 빙하죠. 남극대륙의 98%를 빙하가 덮고 있습니다. 빙하 가운데 면적이 50,000km² 이상되면 빙상이라고 하는데 남극 빙상 면적은 1,397만km²에 달합니다. 위치마다 두께가 제각각이지만 평균이 2,100km이고 두꺼운 곳은 최대 4,800m에 달합니다. 지구 전체 담수량의 약 60%가 남극대륙 빙하에 저장되어 있습니다.

남극에서도 사막처럼
신기루가 보인다던데 진짜인가요?

남극도 사막입니다. 사막이라면 뜨거운 태양빛이 쏟아지는 끊임없이 펼쳐진 모래사장이 있어야 한다고요? 모래도 없는데 왜 남극이 사막이냐고요? 상상하는 환경에 해당하는 사막이 많기는 하지만 그게 전부는 아닙니다. 여기서 사막의 정의에 대해 생각해보죠. 사막은 모래의 유무가 아닌 강우량에 따라 정의됩니다. 연평균 강우량이 250mm 이하면 사막기후라고 합니다. 뜨거운 태양빛과 모래 중 뜨거운 태양만이 사막의 정의 요소로, 모래는 사실 태양과 강우량의 조건 때문에 만들어진 결과물인 셈입니다. 남극은 강우량이 사막기후 조건인 250mm 이하이기에 사막기후입니다.

강렬한 태양은 남극에서도 볼 수 있습니다. 정말로 남

극의 여름 태양빛은 장난이 아닙니다. 태양빛을 차단하지 않으면 바로 익어버리죠. 태양빛만 센 것이 아니라 얼음에 반사되는 빛도 아주 강해서 조심해야 합니다. 사막은 비가 적게 내리고 금방 흘러가서 매우 건조한 상태가 되었죠. 남극은 눈이 적게 내리지만 흘러가지 못한 채 계속 쌓여 지금 모습이 된 겁니다.

사막에서 흔히 보이는 신기루, 남극에도 있습니다. 간단히 말하면 신기루는 물체가 실제 위치가 아닌 다른 위치에서 보이는 현상으로, 빛의 굴절 때문에 발생하는 착시 효과입니다. 물에 젓가락을 담그면 휘어 보이죠? 빛의 전달 속도가 물속으로 가면서 느려지기 때문입니다. 극지방이나 사막에서 먼 곳에 있는 물체가 공중에 뜨거나 거꾸로 비쳐 보이기도 하는데 이런 극한 환경에서는 대기가 불안정해 공기 밀도가 균질하지 않아 생기는 현상입니다. 빛이 밀도가 서로 다른 공기층을 통과할 때 굴절함으로써 물질 위치가 왜곡되어 보이는 것이죠.

극지방은 얼음 때문에 지표에서 가까운 공기는 차갑고, 위쪽 공기는 종종 상대적으로 따듯합니다. 이런 상황일 때 사물에서 오는 빛이 굴절해 먼 곳에 있는 물체가 거꾸로 매달려 있거나 솟아오른 것처럼 보입니다. 남극이나 북극해에서는 이런 까닭에 바다 위에 떠 있는 작은 유빙도 거대한 빙산처럼 보이기도 한답니다. 지표 부근이 뜨거운 사막에서는 반대 현상이 나타나겠죠? 사물에서 나오는 일부 빛이 지표 가까이 밀도가 희박해진 뜨거운 공기층을 지나면서 위쪽으로 구부러져 눈에 전달됩니다. 보통은 땅에 흡수되어 눈에 도달할 일이 없는 빛인데 굴절되어 마치 땅에서 반사된 것처럼 사람 눈에 전달되는 거죠. 이렇게 되면 사물이 거꾸로 서 있는 듯하고, 직접 온 빛도 거의 동시에 눈에 들어오기에 사물이 대칭적으로 보입니다. 하늘에서 내려온 빛이 이렇게 굴절을 겪으며 눈에 들어와 파랗게 보여 호수 즉 땅에 오아시스가 있는 것처럼 보이기도 한다네요.

맨눈으로 남극을 보면 설맹이 오나요?

설맹은 설원 위에서 반사되는 자외선과 적외선에 장시간 노출됐을 때 망막이 손상돼 시력장애가 일어나는 현상입니다. 남극이 아니어도 스키장처럼 눈으로 덮인 곳이라면 어디서나 설맹을 겪을 수 있습니다. 스키 좋아하는 분들, 스키장에서 고글 잘 쓰고 있죠? 남극은 자외선이 특히 강하니 그 위험성은 더 크다고 볼 수 있겠네요. 하지만 여기서 남극이라는 말은 너무 광범위합니다. 남극은 남위 60°보다 고위도인 지역을 통칭합니다. 이 영역에는 바다가 넓게 펼쳐져 있고 일부이긴 하지만 지표가 노출된 곳도 있으니까요. 질문을 남극 빙하 위에서라고 수정하는 것이 좋을 것 같네요. 암튼 남극 빙하 위에서 선크림을 바르지 않거나 고글을 쓰지 않으면 거의 죽음입니다.

남극에 화성과 비슷한 환경인 곳이 있다던데
사실인가요?

화성은 지구에서 가장 가까운 행성이고 다른 행성보다 지구와 유사성이 많다고 알려져 있습니다. 하지만 두 행성은 크기, 대기 조성, 태양으로부터의 거리 등등 기본 조건이 매우 다르기에 유사한 환경은 별로 없다고 보는 게 맞습니다. 화성이 지구와 유사점이 많았다면 인류는 이미 화성으로 이주를 시작하지 않았을까요? 그런데 흥미롭게도 항공우주국NASA에서 화성에 비견할 만한 환경을 지구에서 찾은 적이 있습니다. 화성 탐사선을 보내기 전 화성과 유사한 환경에서 모의 테스트를 진행하려고 했거든요. 항공우주국에서 선정한 유사 화성 환경이 여러 곳 있는데 남극에서는 두 곳이 화성과 유사한 환경으로 선정됐습니다. 하나는 남극에서 가장 추운 곳인 보스톡 빙하와 지구에서 가장 건조한 곳인 드라이밸리입니다.

드라이밸리는 남극대륙 최대 내해인 로스해 서쪽 빅토리아랜드에 위치한 지역입니다. 남극대륙에서 얼음으로 덮이지 않은 대표 지역 중 하나로, 전체 면적은 대략 4,500km²인데 제주도의 2배쯤 됩니다. 10여 개의 작은 밸리로 구성되며 테일러밸리Taylor valley, 라이트밸리Wright Valley, 빅토리아밸리Victoria Valley가 유명합니다. 1901년부터 1904년에 걸쳐 수행된 스콧의 1차 남극 탐험 때 발견됐으니 인류에게 알려진 지 굉장히 오래됐습니다.

드라이밸리의 환경이 어떻길래 화성과 유사하다고 했을까요? 드라이밸리가 지구상에서 가장 건조한 지역이기 때문입니다. 드라이밸리에서는 약 400만 년 전 빙하가 흘러나가 지표가 노출된 후 새로운 빙하로 채워지지 않았습니다. 주변에 3,000~4,000m에 이르는 높은 산이 병풍처럼 골짜기를 에워싸서 빙하가 흘러 들어오는 것을 막았기 때문입니다. 그 후 비와 눈이 거의 오지 않은 데다 주변 높은 산으로 인해 남극 내륙에서 불어오는 바람이 수분을 거의 함유하지 않아 건조한 상태를 유지했습니다. 또 남극대륙의 여느 지역과 마찬가지로 바람이 매우 강합니다. 기록에 따르면 320km/h 강풍이 분 적도 있다고 하는군요. 강풍 때문에 1년에 10cm 남짓 내리는 눈마저 거의 쌓이지 않습니다. 연평균 기온은 영하 20℃로, 한겨울에는 영하 80℃까지 떨어지지만 여름에는 15℃까지 올라갈 정도로 연교차가 매우 큽니다. 드라이밸리에서는 생물 유해가 부패하지 않고 보존된다고 합니다. 매우 건조해 미생물조차 살기 힘들기 때문이죠. 약 3,000년 전에 죽은 물개 유해가 완벽한 미라로 발견되기도 했습니다.

그렇다고 드라이밸리가 척박하기만 한 건 아닙니다. 여름에 강한 햇빛 때문에 주변 높은 산에 쌓인 눈이 녹아 계곡으로 흘러내려 강을 이루기도 하기 때문이죠. 오닉스강 Onyx River인데 남극에서 가장 긴 강입니다. 놀랍게도 '비다 Lake Vida'라는 이름을 가진 호수도 있다고 하는군요. 이 호수 물은 담수가 아닙니다. 염분 함량이 바다보다 훨씬 높습니다. 높은 염분 농도 때문에 얼어붙지 않습니다.

매우 드물기는 해도 습기가 있는 곳에는 미생물이 서식하기도 합니다. 돌 틈 사이에 지의류나 이끼가 사는 것이 발견되었다고 합니다. 관다발식물이나 척추동물은 전혀 없는데 무척추동물과 곤충은 몇 종 살고 있다고 전해집니다. 한마디로 드라이밸리는 남극대륙에서 노출된 영구 동토층이고 생물이 서식하기 매우 힘든 척박한 환경입니다. 그래도 생명체가 있으니 화성과 차이는 매우 크다고 볼 수밖에 없겠죠?

남극 빙하는 왜 움직이는 걸까요?

빙하를 왜 빙하라고 하는지 생각해본 적 있으세요? 빙하에서 빙은 얼음 '빙氷', 하는 강 '하河', 즉 얼음 강이란 의미입니다. 왜 얼음 강일까요? 왜 얼음덩어리 즉 빙괴라고 하지 않을까요? 여기서 강이라는 부분에 주목할 필요가 있습니다. 강에는 두 가지 대표적인 특성이 있습니다. 하나는 바닷물과 대비되는 담수라는 점, 다른 하나는 높은 곳에서 낮은 곳으로 흐르다가 바다로 돌아간다는 점입니다. 빙하는 이 두 가지 특성을 공유합니다. 짠물이 아닌 담수이며, 높은 곳에서 낮은 곳으로 흐르다 궁극적으로는 바다로 흘러가는 것이죠. 영어로 글래시어glacier인데 영어에는 흐른다는 의미가 없습니다. 빙하라는 작명을 누가 했는지 모르지만 잘 붙인 이름입니다.

빙하의 크레바스들, 크레바스는 남극 내륙 진출의 큰 위험 요소이다
ⓒ극지연구소 이재진

빙하와 강 분명 공통점이 있지만, 차이점이 더 큽니다. 강물은 액체이기에 자유롭게 흐를 수 있죠. 높은 곳에서 낮은 곳으로 흐르다가 장애물을 만나면 쉽게 우회합니다. 그러다 보니 한정된 길을 따라 흘러가는 강이라는 형태를 띠게 되죠.

반면 빙하는 고체입니다. 고체도 압력을 받으면 흐를 순 있습니다. 남극 빙하는 워낙 두껍기 때문에 자체 하중으로 높은 곳에서 낮은 곳으로 천천히 흘러 내려가는 것이죠. 그래도 액체가 흐르는 방식과 다를 수밖에 없는데, 고체인 빙하가 한정된 길을 따라 흘러 내려간다는 것은 불가능하기 때문입니다. 강물에 비할 바는 아니지만 남극 빙하가 흐르는 속도는 생각보다 빠릅니다. 1년에 약 10m씩 이동하니까요. 흐르는 빙하 내부에서 속도 차가 있기에 여기저기 균열이 발생합니다. 이렇게 생긴 균열을 크레바스라고 합니다. 크레바스는 폭이 작은 것은 수 cm에 불과하지만 큰 것은 20~30m 이상으로 깊이도 수십 m에 달합니다.

남극 내륙을 탐사할 때 크레바스 위치 정보는 안전을 위해 매우 중요합니다. 요즘도 크레바스에 빠지는 사고 소식이 간혹 들려옵니다. 규모가 큰 크레바스는 인공위성으로 파악이 가능해 계속 정보가 업데이트되지만 작은 크레바스는 스스로 조심하는 수밖에 없습니다. 입구가 눈으로 살짝 덮인 크레바스는 잘 보이지 않아 남극 탐사팀에게 매우 위험합니다.

남극 빙붕은 왜 붕괴하나요?

남극 빙하는 대부분 바다로 흘러갑니다. 해양으로 흘러 간 빙하는 바닷물보다 가볍기 때문에 가라앉지 않고 해수 면에 언 상태로 평행하게 펼쳐집니다. 대륙 빙하가 흘러내 려 해수면에 떠 있는 것을 빙붕이라고 합니다. 빙붕에서 떨 어져 나와 바다에 둥둥 떠다니는 얼음이 바로 빙산입니다. 물에 떠 있는 얼음이라고 해서 다 빙산은 아니고, 해수면 위로 최소 5m 이상 솟아 있어야 빙산으로 분류합니다. 그 미만은 그냥 떠다니는 얼음덩어리 즉 유빙으로 분류하죠.

빙붕 두께는 300~900m 정도인데 사라지는 만큼 빙하 로부터 지속적으로 얼음을 공급받기에 일정한 크기가 유 지됩니다. 빙붕이 남극 얼음 면적에서 10% 정도 차지하니 그 비중은 결코 무시할 수 없습니다. 해수면 위에 넓고 평평하게 펼쳐진 빙붕은 대체로 두껍고 안정적이라 남극에서 활주로로 활용되곤 합니다. 대표적인 예가 로스해 맥머도기지 인근 로스 빙붕 위에 위치한 페가수스 비행장입니다. 저도 10여 년 전에 남극 탐사를 마치고 페가수스 비행장에서 비행기를 타고 뉴질랜드 크라이스트 처치로 빠져 나온 적이 있죠. 광활하고 평탄한 지형이 인상적이었습니다. 로버트 스콧도 로스 빙붕을 통해 남극 내륙으로 접근해 들어갔죠.

빙붕은 빙하가 계속 바다로 밀려 나오는 걸 막아주는 역할을 합니다. 빙하가 대륙에 쌓이도록 해주는 댐인 셈이죠. 그런데 남극 빙하를 수십 년간 관측한 결과에 따르면 빙붕이 붕괴해 면적이 줄어들고 있답니다. 빙붕은 왜 붕괴하는 걸까요? 지구의 해수 온도가 올라가고 있기 때문입니다. 따듯해진 해수가 빙붕 하부로 침투해 빙붕 아래를 녹이고 균열을 만드는 것이죠. 특히 남극반도에 위치한 라르센 빙붕 붕괴가 주목받습니다. 남극반도는 남아메리카 대륙을 향해 뾰족하게 뻗은 지역입니다. 세종과학기지가 남극반도 끝단에 인접한 킹조지섬에 위치하죠. 남극반도는 남극대륙에서 북쪽으로 뻗어 나온 독특한 지형 때문에 온도 상승이 남극권에서도 상대적으로 빠릅니다. 라르센 빙붕은 그 영향 아래 놓여 유실 정도가 빠른 것으로 보입

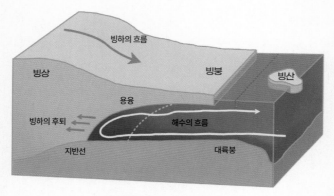

빙하의 흐름과 빙붕의 형성 및 붕괴 과정

니다.

　라르센 빙붕은 크기순으로 A/B/C라는 이름이 붙는데, 가장 작은 라르센 A는 이미 1995년 완전히 붕괴했고 라르센 B는 1995년 1월 11,512km²에서 2002년 2월 6,634km²로 줄었다가 한 달 뒤 3,464km²로 줄었습니다. 현재 크기는 20년 전 1/7 수준인 1,600km²라고 합니다. 이 빙붕이 적어도 1만 년 이상 안정적으로 존재했음을 생각해보면 충격적인 사실입니다. 라르센 C마저 두께가 얇아지고 있다는 영국남극연구소BAS 조사 결과도 있습니다.

　빙붕이 다 사라져도 해수면이 당장 크게 상승하지는 않습니다. 빙붕은 물 위에 떠 있는 빙하이기에 이미 어느 정도 해수 부피에 반영되어 있거든요. 해빙과 빙산 역시 이미 바닷물에 포함된 부분이기에 모두 녹더라도 해수면 높이가 크게 변하지 않습니다. 빙붕이 전부 녹아도 해수면은 50cm 정도 높아진다고 합니다. 문제의 핵심은 빙붕이 사라지면 빙하가 안전하지 않다는 사실입니다. 라르센 B로 흘러 들어가는 렙파드Leppard와 플래스크Flask 두 빙하는 흐르는 속도가 매우 빨라지고 있다고 합니다. 바다로 흘러들지 않도록 마개 역할을 하는 라르센 빙붕이 붕괴해서죠. 이 두 빙하는 두께가 20~22m 정도 더 얇아졌다는 보고가 있습니다.

남극에서도 화산이 폭발하나요?

　남극 하면 빙하로 덮인 눈보라가 몰아치는 얼음 대륙이 연상됩니다. 이런 차가운 대륙에도 화산활동이 있을까요? 흥미롭게도 남극대륙의 가장 큰 내해인 로스해에 처음 도달했던 영국 탐사대는 대륙을 덮은 엄청난 빙하는 물론 화산이 폭발하는 모습도 봤다고 기록했습니다. 극적인 대조가 아닐까 싶습니다. 그때 폭발했던 화산이 현재 미국 맥머도기지가 위치한 로스섬의 에러버스 화산으로 지금도 화산 증기가 관찰됩니다. 장보고과학기지에서 멀지 않은 곳인 멜버른 화산도 폭발한 적이 있죠.

　남극대륙에는 여러분들이 상상하는 것보다 많은 화산들이 분포합니다. 남극대륙은 남극종단산맥을 기준으로 동남극과 서남극으로 구분하죠. 흥미롭게도 서남극과 동

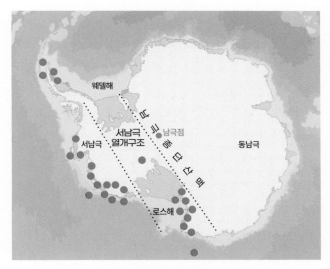

서남극 화산 분포

남극은 여러 가지로 다릅니다. 서남극에는 서남극 열개구
조라는 이름이 붙어 있는, 길이가 대략 3,000km, 폭이 대
략 700km에 달하는 거대한 계곡이 분포하고 있죠. 서남
극은 동남극에 비해 해발 고도가 낮습니다. 그리고 서남
극의 지열이 동남극보다 높습니다. 무엇보다 서남극 빙하
아래에는 수많은 화산이 분포하고 있음이 확인되었습니
다. 2017년에는 영국 에든버러 연구팀이 빙하를 투과하는
레이더 항공 탐사를 해서 91개의 새로운 화산을 발견했습

니다. 그 이전까지 알려진 서남극 빙하 아래 화산이 47개였으니 총 138개의 화산이 확인된 것입니다. 이는 현재 대륙 화산대 중 최대 규모입니다. 이전까지 육상에서 가장 많은 화산이 분포한다고 알려진 동아프리카 열곡대의 화산이 60여 개니 서남극에 얼마나 많은 화산이 분포하는지 알겠죠?

서남극 화산들이 폭발하면 어떻게 될까요? 아마 빙하를 녹이고 빙붕을 붕괴시켜 해수면 상승을 초래할 것입니다. 지구온난화는 어떻게든 막으려 노력할 수 있지만 화산 폭발은 어쩔 수 없으니 사전에 알고 대비하는 수밖에요.

화산이 대륙에만 분포할까요? 남극대륙 주변 해저에는 거대한 활화산 산맥이 분포합니다. 중앙해령인데, 남극대륙을 둘러싸고 있죠. 차가울 거라고만 생각하는 남극에서 뜨거운 화산활동은 상상보다 훨씬 규모가 크고 중요한 역할을 하고 있습니다.

남극에서 낚시를 할 수 있나요?

낚시를 직접 해본 적 없지만 남극 기지에서 낚시하는 분들은 본 적 있습니다. 하지만 남극 기지에서 하는 낚시 대부분은 여가 생활이 아니라 연구용 낚시입니다. 극지연구소에는 남극 물고기를 연구하는 분들이 있거든요. 연구용 낚시라는 말이 조금 어색한데 연구용 어류 채집이라고 하면 나을까요? 연구용 어류 채집이라고 해서 특별나게 다른 방법이 있지 않으니 일반 낚시 도구를 사용합니다. 모르는 사람이 보면 남극 기지에서 취미로 낚시한다고 생각할지도요. 미국 연구팀은 어류 채집용 선박이 있어 트롤로 물고기를 잡는다고 하니 우리나라 연구 환경이 미국에 비해 열악한 탓이라고 이해하면 될 것 같네요.

그런데 남극에는 어떤 물고기가 살까요? 펭귄과 크릴의

선명한 이미지에 비해 남극 물고기는 떠오르는 이미지가 거의 없을 텐데, 1목 5과 123종이 살고 있다고 합니다. 남극 물고기는 의외로 우리와 매우 가깝습니다. 혹시 메로구이를 먹어본 적이 있나요? 이 메로 중 일부가 남극에서 잡아 온 남극 물고기입니다. 어쩌면 남극 물고기가 펭귄보다 우리랑 더 가깝지 않나 싶네요. 남극 물고기는 식탁에 오르기도 하지만 펭귄은 먹을 수 없으니까요. 먹는 것은 고사하고 연구용 외에는 잡는 것이 금지되어 있습니다.

메로는 파타고니아 이빨고기와 남극 이빨고기를 통칭합니다. 메로가 스페인어로 대구라고 하니 현지 사람들은 이 물고기를 대구로 생각한 모양이지만, 사실 이빨고기는 대구와 아무런 관련이 없습니다. 세종과학기지에서 가장 많이 잡히는 물고기를 흔히 남극 대구라 하는데, 이 물고기도 대구와 전혀 관련 없습니다. 남극 대구라는 명칭보다 남극 암치로 부르는 것이 적절하다고 합니다.

남극 바다에 사는 물고기는 얼어 죽지 않나요?

남극 물고기를 이해하려면 먼저 남극 환경을 알아야 합니다. 남극대륙을 둘러싸고 남극순환류가 흐릅니다. 남극순환류는 지구상에서 가장 빠르고 가장 차가운 해류입니다. 남극순환류가 저위도에서 오는 열기를 차단하기에 남극대륙이 얼어붙은 것입니다. 남극순환류가 흐르는 남극 바다 온도는 -1.9℃에서 +1.5℃ 사이로 매우 낮습니다. 정말 이빨이 시릴 만큼 차갑습니다. 그리고 연중 수온 변화가 거의 없습니다. 남극 물고기는 연중 변화 없이 매우 차가운 물에 적응한 별난 종입니다. 그러다 보니 유별난 특성이 몇 가지 있습니다. 일단 모습에서 공유하는 특성이 있는데, 그중 하나가 몸집에 비해 머리와 입이 크다고 합니다. 메로를 연상해보면 쉽게 상상이 되겠죠?

남극 물고기의 중요한 특징은 차가운 남극 바다에서 얼지 않고 살아가는 능력에 있습니다. 남극 물고기의 생존 비결은 결빙 방지 단백질 분비에 있습니다. 결빙 방지 단백질은 한마디로 얼어 붙지 않도록 하는 물질입니다. 이 물질은 어떻게 얼어붙지 않도록 할까요? 얼음은 응결핵을 중심으로 얼음 입자가 계속 붙으면서 성장합니다. 그런데 결빙 방지 단백질은 응결핵을 포위해 얼음 성장을 막아버리는 것이죠. 결빙 방지 단백질은 실생활에서 활용도가 높은데, 한겨울 골칫거리인 결빙 현상 해결은 물론 저지방 아이스크림을 만드는 데도 사용됩니다.

또 다른 중요한 특징은 부레가 없다는 사실입니다. 부레가 뭔지 아시죠? 부레는 물고기가 가진 공기주머니로 물고기가 상하 이동하는 데 중요한 기관입니다. 부레에 공기를 채우면 떠오르고 공기를 내보내면 가라앉죠. 위아래로 활발하게 움직이는 물고기에게 부레는 매우 중요한 생존 수단입니다. 하지만 차가운 남극 바닷속에서는 움직이기조차 힘듭니다. 물이 너무 차갑다 보니 움직이는 데 너무 많은 에너지가 필요한 것이죠. 남극 물고기는 활발하게 움직이면서 먹이를 잡기보다 해저면에 가깝게 머물면서 위에서 떨어지는 먹이를 섭취하는 편이 더 효율적입니다. 활발하게 위아래로 움직이는 일이 비효율적이니 부레라는 기관이 필요 없어진 거죠. 남극 물고기는 에너지 효율을 높이려고 물고기 대부분이 가진 기관마저 포기한 셈입니다. 가끔은 위로 이동할 때도 있으니 대안이 필요하겠죠? 남극 물고기는 찬물에 적응하는 데 필수적인 지방 함량이 높아서 상대적으로 몸의 밀도가 낮습니다. 몸무게가 가벼우니 상대적으로 작은 지느러미질만으로도 상하운동이 가능합니다. 뼈조직도 매우 성글어서 뼈에 공기를 넣었다 뺐다 하면서 무게를 조절합니다. 다공질 뼈가 어느 정도 부레의 기능을 하는 셈이죠. 참고로 남극 물고기로 골다공증의 원인을 찾는 연구도 진행되고 있다고 하는군요.

생존을 위해 결빙 방지 단백질이 필요하고 부레마저 포기하는 남극 환경, 정말 극단적입니다. 그러나 여기서 멈추면 남극이 아니겠죠? 남극에는 다른 물고기는 다 가진 하나를 더 포기한 어종이 있습니다. 바로 남극 빙어입니다. 빙어라고 해서 한국 하천에 흔한 빙어와 혼동하면 안 됩니다. 전혀 다른 물고기입니다. 남극 빙어는 피가 빨갛지 않고 투명합니다. 피가 붉은색을 띠는 이유는 철 성분이 가진 헤모글로빈 때문인데, 남극 빙어 혈액에는 헤모글로빈이 거의 없거든요. 헤모글로빈은 혈액에서 산소를 운반하는 기능을 하기에 호흡에 핵심 역할을 하는 물질인데 남극 빙어에는 왜 없는 걸까요?

일단 헤모글로빈이 많으면 저온 환경에 매우 불리합니다. 철 성분이 많으면 혈액이 끈적끈적해서 혈액 순환이 상대적으로 원활하지 않기 때문이죠. 남극 빙어는 혈액 순환을 원활하게 하기 위해 헤모글로빈을 포기했습니다. 하지만 호흡은 해야 하니 대안은 있어야겠죠? 일단 빙어는 해저 가까이에 머물면서 거의 움직이지 않음으로써 대사율을 가능한 낮춥니다. 에너지가 많이 필요한 아가미 호흡을 최소한으로 줄이고 산소를 피부로 직접 호흡해 부족한 부분을 보충하죠. 머리와 아가미가 상대적으로 커서 산소 흡수 면적이 넓고 비늘이 없기에 효율적으로 피부 호흡을 할 수 있습니다. 또한 혈액량도 많아 더 많은 산소를 녹일 수 있고 많은 혈액량을 감당할 만큼 심장도 큽니다. 차가운 남극해에는 산소가 많이 녹아 있어 피부 호흡하기에 좋은 조건이라 이런 방향으로 진화했어요. 물이 차가울수록 기체가 잘 녹는다는 사실은 알고 있겠죠? 남극 물고기는 우리가 상식적으로 아는 물고기 개념을 바꾸네요.

영하의 온도에서 살아가는 남극 빙어 ⓒ극지연구소 김진형

북극 바다는 늘 얼어 있었나요?

요즘 북극 해빙이 녹고 있다고 해서 걱정이 많습니다. 남극이 얼음이 모두 녹으면 해수면에 큰 영향을 주지만 적어도 북극 해빙이 녹는다고 해서 해수면이 크게 높아지진 않습니다. 남극의 경우 대륙에 저장된 물이 해수로 공급되는 것이지만 북극의 경우 바다가 얼어붙은 것이기 때문입니다. 하지만 북극은 전 해양 순환에서 심층수의 출발점이라 해빙이 사라져서 심층수가 더 이상 생성되지 않는다면 해류 흐름에 큰 변화를 초래해 지구 기후가 근본적으로 변할지도 모릅니다.

그런데 북극해는 늘 얼어붙어 있었을까요? 많은 사람이 남극이나 북극은 원래 추운 곳이니 늘 얼음으로 덮여 있었으리라 막연히 생각하지만 북극이 얼어붙은 것은 약

270만 년 전 이후입니다. 그 이전에는 북극해가 얼어 있지 않았다는 의미입니다. 남극대륙이 얼어붙기 시작한 것이 대략 4천만 년 전이고 인류 조상 중 하나인 오스트랄로피테쿠스가 등장한 것이 200만 년 전이니 그렇게 오래되진 않았죠.

북극해 결빙은 약 300만 년 전에 일어난 태평양과 대서양 간 교류가 차단되는 큰 사건과 관련되어 있다고 추정됩니다. 500만 년 전까지만 해도 태평양과 대서양은 적도 부근에서 서로 통하는 바다였습니다. 현재 남미와 북미 경계인 적도 부근이 뚫려 있어 대서양 물은 태평양으로 태평양 물은 대서양으로 흘러 들어갔습니다. 그런데 북쪽으로 이동하던 남아메리카 대륙이 파나마운하 부근에서 북아메리카 대륙과 충돌하면서 300만 년 전쯤 완전한 차단벽이 생겼습니다. 두 바다 사이에 가로놓인 차단벽은 태평양과 대서양 바닷물 성질과 흐르는 패턴에 큰 변화를 초래했습니다. 대서양 적도 부근에서 태평양을 향해 흘러가던 바닷물이 이 벽에 가로막혀 북아메리카 대륙 동쪽 해안을 타고 북극해를 향해 흘러 들어간 것이죠.

적도 지방 바닷물은 햇빛을 많이 받았기에 온도가 상대적으로 높고 또 증발을 많이 해서 상대적으로 더 짤 것임이 분명합니다. 이러한 따뜻하고 염도가 높은 적도 바닷

북극 척치해 해빙, 지구온난화로 인해 북극해 해빙은 지속적으로 감소하고 있다
ⓒ극지연구소 최경식

물이 차가운 북극으로 이동하면서 북극해 대기 중에는 많은 수분이 공급되고, 이 수분이 눈 또는 비가 되어 내리면서 북극해 바닷물은 묽어집니다. 증가한 비와 눈으로 인해 북극권인 시베리아에서 북극해로 흘러 들어가는 강물 양도 증가하면서 북극해 바닷물은 더 묽어집니다. 바닷물이 묽어지면 얼어붙기 쉽습니다. 바닷물이 얼어붙기 시작하면 태양빛을 더 잘 반사하기에 온도는 더욱 떨어져 얼어붙는 속도는 더 빨라지게 됩니다.

북극에도 펭귄이 있나요?

　정답은 북극에는 "펭귄이 없다"입니다. 앞에서 펭귄은 철새이며 남극에만 살지 않는다고 말했죠. 그런데 왜 북반구에는 살지 않을까요? 펭귄 전문가가 아니라서 잘 모르지만 아직 해명되지 않은 문제로 알고 있습니다. 개인적으로 펭귄은 수영에 능숙하니 그냥 헤엄쳐서 북반구로 이동하면 되지 않을까 싶은데 참 이상합니다. 북반구에도 펭귄의 먹이인 물고기가 풍부한데 말입니다. 고생물학 연구에 따르면 펭귄은 6,000만 년 전 뉴질랜드 해안에서 잠수해서 물고기를 잡아먹고 살던 잠수 조류를 공통 조상으로 한다고 합니다. 이 잠수 조류가 남반구 곳곳에 자리 잡아 현재 살고 있는 다양한 펭귄으로 진화했다고 하는데 수온이 낮고 영양염류가 풍부한 남반구 고위도 바다에 적응한 펭귄에게 따뜻한 적도 바닷물은 장벽이 되지 않았을까 추측하고 있다네요.

펭귄을 북극으로 옮겨다 놓으면 펭귄이 살 수 있을까요? 실제로 펭귄을 북극에 가져다 놓은 사람이 있습니다. 노르웨이 과학자 아돌프 호엘이라는 사람이 그 주인공입니다. 호엘은 1936년과 1938년 두 차례에 걸쳐 펭귄 여러 종을 노르웨이에 들여와 야생에 풀어놓았다고 합니다. 하지만 펭귄 대부분이 1년을 버티지 못하고 사라져버렸다고 합니다. 우리나라에서 한때 골칫거리였던 황소개구리처럼 외래종이 자생종을 쫓아내고 번식에 성공하는 사례는 종종 있기에 펭귄이 생존하지 못한 이유가 궁금해집니다. 북극은 남극과 환경적으로 비슷한 면이 많고 펭귄의 먹이인 물고기도 풍부하기에 펭귄이 살아가지 못할 이유는 없어 보이거든요. 그러나 북극에는 남극에 없는 것이 있습니다. 북극곰이나 북극여우와 같은 상위 포식자죠. 도둑갈매기나 표범물범보다 훨씬 강력한 천적입니다. 펭귄이 혹독한 남극대륙에 가서 알을 낳고 키울 수밖에 없던 이유를 생각해보면 답이 나오지 않을까요?

그런데 펭귄이 진짜 북극에 없었을까요? 앞에서 북극에는 펭귄이 없다고 해놓고 뜬금없이 무슨 말이냐고요? 북극에 우리가 남극과 남반구에서 보는 펭귄과 같은 생물은 지금은 물론 과거에도 없었습니다. 다만 북극에 지금 남극에서 보는 펭귄과 비슷하게 생긴 동물이 살았고, 그 동물 이름이 바로 펭귄이었습니다. 헷갈리시죠? 북극에 펭귄이라는 이름을 가진 동물이 살았습니다. 이 동물은 인간의 남획으로 인해 멸종하고 맙니다. 그 후 남극에 가보니 북극에서 이미 멸종한 펭귄과 비슷하게 생긴 생물이 살고 있던 것이죠. 그래서 그 동물을 펭귄이라고 부르기 시작했습니다. 멸종한 북극 펭귄은 사실 남반구 펭귄과 생물학적으로 전혀 다른 동물입니다. 북극에서 멸종한 펭귄은 남반구 펭귄을 통해 이름만 살아남은 셈입니다.

남극과 북극을 오가는 철새가 있다는데
사실인가요?

남북극을 오가는 철새라……. 들어본 적 없어 질문을 넘어가려다가 혹시나 싶어 조사해봤습니다. 이런, 진짜 그런 새가 있더군요. 북극제비갈매기, 참 긴 이름입니다. 이름에 북극이 들어가고 남북극을 오간다니 좀 자세히 알 필요가 있겠네요. 이 새는 생김새는 제비지만 사는 방식은 갈매기 같아 이런 이름이 붙었다고 합니다. 제비처럼 육지에 사는 게 아니라 갈매기처럼 바다에서 삽니다. 명명할 때 대개 정체성을 표현하는 단어가 뒤에 옵니다. 결국 생김새보다 삶의 방식이 중요하다는 뜻이겠죠.

북극제비갈매기는 몸길이가 33~39cm, 날개를 편 길이는 76~85cm, 몸무게 90~130g이니, 크기도 제비보다 갈매기에 가깝습니다. 먹이는 물고기나 바다에 사는 작은 무척추동물이라는군요. 50마리 이상씩 무리 지어 사는데 한 번 짝을 맺은 암수는 평생을 함께 지낸다고 합니다. 암컷은 3~4세 정도 되면 알을 낳는데 한 번에 1~3개를 낳고 알은 대략 3주 정도 지나면 부화합니다. 북반구의 여름인 6월 무렵 툰드라 지역에서 알을 낳고 새끼를 기른다는데, 암수가 함께 알을 품고 새끼에게 먹이를 먹이며 새끼 사랑이 유별나답니다. 새끼는 태어나 며칠 지나면 움직이고 한 달쯤 지나면 날 수 있습니다. 한두 달 정도 부모와 함께 살기에 새끼를 기를 때는 암컷과 수컷이 부지런히 바다를 오가며 먹이를 구합니다. 수면 위를 날면서 물고기를 사냥하거나 물속 깊이 들어가 낚아채기도 하면서 말이죠. 땅에서 곤충을 잡기도 한다네요.

북극제비갈매기는 새끼를 낳고 기르는 기간을 제외한 대부분 시간을 땅에서 상당히 먼 바다에서 생활하는데 그 먼 정도가 상상을 초월합니다. 북극이 여름인 4월~8월 북극에서 알을 낳고, 북극이 겨울이 될 즈음 새끼가 어느 정도 크면 유럽, 아프리카, 아메리카 해안을 따라 남극으로 이동하기 때문입니다. 그리고 다음 해 남극의 겨울이 시작되는 4월에 다시 북극으로 이동합니다. 태양이 작열하는 북극의 툰드라에서 새끼를 낳고 기르기 위해서죠. 이 새들은 정말 어둠을 싫어하는 것 같습니다. 어둠을 피

북극제비갈매기 ⓒGeir Wing Gabrielsen_Norwegian Polar Institute

하기 위해 한 해 이동 비행 거리가 무려 96,000km나 됩니다. 지구의 끝에서 끝, '북극'과 '남극'을 오가며 살다니. 그 것도 매년! 평균수명 20년으로 계산해봤을 때, 평생 날아다니는 거리는 달나라에 다녀올 거리(약 40만km)와 맞먹는군요.

고래는 왜
극지방과 열대지방을 왔다 갔다 하나요?

해양 탐사를 자주 하다 보니 아주 가끔이지만 고래를 볼 기회가 있습니다. 떼 지어 헤엄치는 돌고래나 먼 곳에서 등으로 물을 뿜는 고래 모습은 아주 장관이었죠. 사실 저는 고래에 대해 잘 모른답니다. 허먼 멜빌이 쓴 『모비딕』이란 소설을 매우 좋아하다 보니 고래에 조금 관심이 있긴 했어요. 모비딕이라는 이름은 초등학생 시절 축약판으로 읽어서 일찍부터 익숙했습니다. 나중에 완역본을 읽으려고 펼쳐 보니 첫머리에 온갖 자료를 인용해 고래를 설명하는 부분이 나왔습니다. 조금 읽다가 이 부분은 그냥 건너뛰고 말았습니다. 저는 여러 번역본을 소장해 지금도 가끔 『모비딕』을 펼쳐 보곤 합니다. 그러면서 첫머리를 조금씩 읽습니다. 작가는 왜 이런 번잡한 내용을 소설 첫머리에 넣었을까? 생각하면서 말이죠. 아마도 이 소설의 숨은 주인공인 고래의 상상적, 상징적, 실재적 모습을 다양하게 보여주고 싶기 때문이 아닐까 싶습니다. 고래는 정말 다양한 면모를 갖고 있습니다. 한마디로 정리하기가 불가능하죠. 그렇기에 다양한 설명과 인용문을 나열할 수밖에 없었을 겁니다.

그렇다면 고래의 실재는 어떨까요? 일단 고래는 포유류입니다. 흥미롭게도 펭귄이 철새임을 모르는 분은 많은 반면 고래가 포유류임을 모르는 분은 거의 없더군요. 고래는 바다에서 헤엄치며 사는데 어류가 아닌 포유류라니 신기하지 않나요? 고래는 선사시대 벽화에 등장하듯 인류와 오래오래 함께 생존해왔으니 그 친밀도를 펭귄과 비교할 수는 없겠죠. 고래는 석유가 나오기 전까지 중요한 기름 공급원 중 하나였고 고급 향료를 제공했어요. 고래 고기도 많이 먹었습니다. 그 덕분에 고래는 현재 멸종 위기에 놓인 상황입니다.

고래는 극지와 열대를 오가기로 유명합니다. 영하 2℃인 바다와 24℃인 바다를 매년 왔다 갔다 하죠. 영하 2℃에 적응한 남극 물고기보다 훨씬 다채로운 삶을 사는 것 같습니다. 많은 고래가 여름 동안에는 극지에 머물면서 크릴 등을 양껏 섭취하고 겨울에 따뜻한 열대·아열대 바다로 이동해 새끼를 낳아 기릅니다. 어미 고래는 임신을 하면 수천 km 떨어진 안전한 열대 지역으로 장거리 이동해 출산과 양육을 합니다. 따뜻한 열대 바다는 새끼의 천적이 적고 성장에 도움이 된다고 합니다.

문제는 열대 바다에는 크릴이 거의 없어 새끼를 낳고 기르는 동안 어미 고래는 쫄쫄 굶어야 한다는 사실입니다. 고래는 광활한 지역을 다니며 생활하지만 식성은 참 까다롭네요. 새끼 고래에게는 남극에서 잔뜩 먹어 몸에 비축한 지방으로 만든 젖을 먹입니다. 어미 고래의 굶주림이 한계에 다다를 때쯤 새끼 고래가 장거리 이동이 가능해져 고래는 장장 5,000km를 여행해 다시 남극 바다로 갑니다. 그곳에서 다시 크릴로 주린 배를 신나게 채웁니다. 이를 보면 생물의 삶도 참 다채롭습니다. 펭귄에게 여름의 남극은 새끼 기르기 좋고 먹잇감 풍부한 최적의 장소입니다. 그런데 고래에게 남극은 먹잇감은 풍부하지만 새끼 기르기에는 좋지 않은 곳이니까요.

덧붙여 2020년에 고래가 새끼를 낳기 위해서가 아니라 피부 관리를 위해 열대 해역으로 간다는 학설이 논문으로 발표되었다고 하네요. 남극에서 고래는 차가운 바닷물에서 체온을 유지하기 위해 피부로 가는 혈관을 차단해 단열해야 합니다. 문제는 피부 혈관을 차단하면 보온에는 유리하지만 피부세포 재생이 어려워 피부에 각질이 많아지고 까칠해진다는 것입니다. 포유류는 피부를 계속 재생해야 건강을 유지하는데 남극 바다에선 가능하지 않겠죠. 더운 바다로 가면 체온을 유지할 필요가 없어 피부 대사가 회복되고 피부가 재생된다는 설명입니다. 이 논문은 고래가 피부 건강을 위해서는 남극해에 계속 머무를 수 없고 결국 열대 해역으로 이동해야 하는데 가는 김에 열대 해역에서 새끼를 낳아 기른다고 주장합니다. 그럴듯한가요?

혹등고래의
이동 경로

유럽

아시아

아프리카

인도양

호주

남극대륙

여름 서식지
겨울 서식지
이동 경로

북극해

북아메리카

북태평양

북대서양

남아메리카

남태평양

남대서양

남극해

남극대륙

극지의 보물 세 가지를 꼽아주세요.

극지의 보물? 그것도 세 가지? 특별히 생각해본 적 없는 주제네요. 질문을 받은 김에 극지의 보물이 무엇일까 고민해봤습니다. 우선 보물이란 무엇일까요? 보물이란 인간에게 가치가 있을 뿐 아니라 희소성을 지닌 대상을 뜻하겠죠. 가치란 크게 봐서 경제적 가치와 자연/인문적인 가치, 두 가지로 분류가 될 테고요. 남북극 모두 석유 등 광물자원은 매우 풍부합니다. 수산자원도 풍부한 편입니다. 하지만 극지의 경제적 자원들은 개발이 힘들고 특히 남극의 경우 남극조약에 따라 자원 개발이 금지되어 있으니, 여기서는 자연/인문적인 가치를 정리해볼까 합니다.

첫 번째 보물은 극지의 자연환경입니다. 극지 환경은 인간 관점에서 보면 참으로 혹독합니다. 사방이 얼음이고 강력한 바람이 수시로 불어대죠. 여름은 대부분 낮이고 겨울은 대부분 밤입니다. 인류에게는 척박한 환경이고 참 쓸모없는 땅이죠. 하지만 역설적이게도 극지의 이러한 극한적인 환경 덕분에 인류 문명 건설의 배경인 '살 만한 땅의 온화한 환경'이 유지됩니다. 몇 가지 예를 들어보면 지구 기후를 규제하는 가장 중요한 요인 중 하나가 바로 해류인데 양극은 심해를 흐르는 저층류가 만들어지는 곳입니다. 극지에서 저층류 생산이 멈추면 지구 기후는 크게 변하고 지금과 매우 다른 환경이 될 것입니다. 그리고 현재 급격히 증가하는 대기 중 이산화탄소를 남극해가 상당 부분 흡수합니다. 현재 지구 기후 균형이 무너지지 않도록 남극해가 중요한 역할을 하는 셈이죠. 지구 시스템은 연결된 전체이고 극지가 현 지구 시스템 유지에 중요한 역할을 한다는 사실을 반드시 기억해주시길.

두 번째 보물은 극지를 이해하려는 인간의 노력입니다. 극지는 오랫동안 미답의 영역이었고 미지의 영역이었습니다. 인류는 지구 환경을 이해하려고 노력해왔지만 극지는 모른 채 주변의 제한된 정보밖에 알지 못했고 당연히 지구 환경을 이해하는 데도 한계가 있었죠. 극지 연구를 진행함으로써 지구 전체 시스템이 작동하는 방식을 대강이라도 이해할 수 있었습니다. 극지 탐사와 연구를 통해 지구를 좀 더 깊이 있게 이해하고 인류의 미래를 개척할 수 있으리라 예상합니다.

세 번째 보물은 남극에서 이루어지는 국가 간 협력을 들고 싶습니다. 남극은 유일하게 어느 국가에도 속하지 않은 지역입니다. 인류 공동관리 구역이고 미래를 위해 남겨둔 장소죠. 남극은 영토와 영해를 초월한 국제 협력의 장입니다. 인류에게는 새로운 시도라고 볼 수 있습니다. 남극에서 펼쳐지는 새로운 국제 협력이 미래에 갖는 의미는 상당하다고 생각합니다. 남극에는 다양한 나라가 진출해 기지를 지었고 탐사를 진행했고 많은 국제 협력이 이루어지고 있습니다. 우리나라도 1988년 세종과학기지, 2010년 아라온호가 남극해 탐사 시작, 2014년 장보고과학기지를 지으며 남극 연구에 큰 기여를 하고 있습니다.

북극 상황은 남극과는 다릅니다. 북극해는 유럽, 아시아, 북미의 강대국으로 둘러싸인 바다고 각국 이해관계가 첨예하게 얽혀 긴장이 감도는 곳입니다. 원활한 국제 협력에 많은 난관이 도사리고 있죠. 북극에서도 남극과 같은 평화로운 국제 협력이 이루어지길 개인적으로 소망합니다.

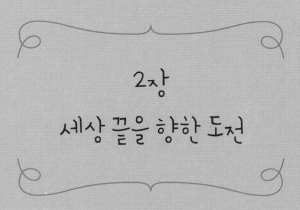

2장
세상 끝을 향한 도전

인간은 언제부터 극지방 탐사를 시작했나요?

북극권에는 선사시대 이후부터 꽤 많은 사람이 살았기에 생존과 더 나은 삶을 위한 수많은 모험이 있었으리라 추측됩니다. 따라서 북극 탐험 역사는 1만 년이 넘을 테지만, 기록이 별로 남아 있지 않아 내용은 알 수 없습니다. 기록을 보면 북극 탐험의 시작은 역시 16세기 이후부터라고 해야 적절할 것 같습니다. 16세기는 대항해 초기 단계로 아프리카 남단을 돌아가는 대아시아 무역로를 개발한 포르투갈과 콜럼버스를 후원해 아메리카 대륙을 발견한 스페인이 국제 무역을 주도하던 시기입니다. 아프리카-인도양 항로는 포르투갈이 독점했기에 다른 나라가 활용하기 어려웠습니다. 거리도 만만치 않았고요. 아메리카 대륙을 경유해 아시아로 가는 항로는 더 멀었죠. 이런 상황에서 북극해를 통해 동아시아에 간다면 항해 시간이 훨씬 줄어들기에 유럽은 최단 거리인 북극해 신항로 개척에 관심이 많았습니다. 유럽의 관점에서 동아시아와 북아메리카로 가는 길은 두 가지입니다. 하나는 캐나다 북쪽 연안을 따라가는 북서항로, 다른 하나는 시베리아 북쪽 연안을 따라가는 북동항로입니다.

문제는 북극해가 해빙으로 뒤덮여 항해하기 힘들었다는 겁니다. 현재도 쇄빙선이나 잠수정이 아니면 항해가 거의 불가능한데, 범선이 선박 주류였던 16세기에 북극해 탐사는 목숨을 걸어야 하는 도전이었습니다. 하지만 새로운 항로를 개척한다는 열망으로 수많은 탐험가가 도전에 나섰죠. 영국 탐험가 존 프랭클린은 탐사대원들과 함께 북극해에서 비극적인 최후를 맞기도 했습니다. 북극항로 개척을 향한 도전과 탐험은 북극해와 북아메리카 대륙에 남은 여러 개 지명으로 확인됩니다. 바렌츠, 허드슨, 베링, 밴쿠버 등 익숙한 지명이 북극항로 개척을 시도한 탐험가 이름에서 비롯됐습니다. 300년의 도전 끝에 북동항로는 스웨덴의 노르덴시욀드에 의해, 북서항로는 20세기 초 노르웨이의 로알 아문센에 의해 발견됐습니다. 기나긴 탐험 역사가 있지만 아직 북극항로가 열렸다고 볼 수 없습니다. 지구온난화가 진행되며 해빙이 사라져 가는 지금 북극해가 어떻게 변해갈지 초미의 관심사가 아닐 수 없습니다.

남극대륙은 19세기가 돼서야 인류에게 발견됐고 본격적인 탐사는 20세기 초반부터니 그 역사는 매우 짧습니다. 다른 대륙과 멀리 떨어진 데다 그 사이 바다가 거칠어 역사 기록 이전에 남극대륙에 가본 인류는 없었으리라 봅니다. 남극대륙을 찾아 나서게 된 계기는 아메리카 대륙 발견에서 왔습니다. 아메리카 대륙의 발견이 유럽에 가져다준 경제적 이득이 워낙 컸기에 신대륙을 또 발견하길 원했던 것이죠. 당시 유럽에는 남반구에 따듯한 남방 대륙이 있으리라고 추정했습니다. 북반구에는 대륙이 많은 데 비해 남반구에는 알려진 대륙이 별로 없다 보니 아직 발견

북극 해빙 면적 변화 및 북동항로와 북서항로의 위치

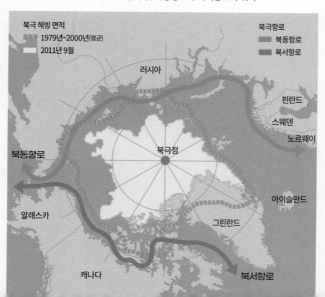

되지 않은 거대한 대륙이 있으리라 믿은 거죠.

남방 대륙 발견이라는 국가의 임무를 처음으로 수행한 사람은 18세기 영국 탐험가 제임스 쿡이었습니다. 하지만 제임스 쿡은 남방 대륙을 발견하지 못했습니다. 남위 $80°$ 까지 항해했지만 수많은 부빙과 거친 바다만을 만났을 뿐입니다. 따듯한 남방 대륙이 아닌 남극대륙을 처음 발견한 공은 19세기 러시아 탐험가 벨링스하우젠 남작에게 돌아갑니다. 이후 수많은 탐험가가 내륙 탐사 도전에 나서죠. 남극점에 처음으로 도달한 로알 아문센, 아문센과 남극점 정복 경쟁을 벌인 로버트 스콧 그리고 남극에서 경탄할 만한 생존력을 보여준 어니스트 섀클턴을 기억합니다. 아문센, 스콧, 섀클턴 이 세 탐험가가 활동하던 20세기 초반까지를 남극의 영웅시대라고 합니다. 당시까지는 남극 탐험이 주로 개인기에 의존했기 때문입니다. 국제적으로 공인된 관리 체계가 없기도 했고요.

2차 대전이 끝난 뒤 남극을 공동 관리해야 한다는 의견이 대두되어 남극조약이 맺어졌습니다. 남극조약에 따르면 남극에서는 과학 활동만 허용될 뿐 자원 개발은 할 수 없습니다. 개발하기엔 남극대륙을 아직 잘 모른다는 국제적 공감대가 바탕에 깔려 있습니다. 개인적으로 남극조약이 맺어진 후를 남극의 과학시대라고 부릅니다.

아문센이 스콧보다 먼저 남극점에
도착한 이유는 무엇인가요?

남극점에 가장 처음 도달한 사람이 로알 아문센Roald Amundsen 1872~1928이라는 사실은 널리 알려져 있습니다. 그런데 대개는 처음 도착한 사람이 알려지고 다음에 도착한 사람은 잊히기 마련인데 남극점에 두 번째로 도달한 로버트 스콧Robert Scott 1868~1912은 반드시 아문센과 함께 거론됩니다. 남극점에 위치한 미국 기지 이름이 '아문센-스콧'이기도 하죠. 아문센은 노르웨이 사람이고 스콧은 영국 사람인데 미국 기지에 그 이름을 남겼으니 남극이 국적을 초월한 지역임을 상징적으로 보여줍니다. 대체로 자국의 기지는 자국 탐험가나 정치적 상징을 기지 이름으로 짓습니다. 미국이 좀 예외적이긴 하네요. 아문센-스콧기지는 물론 로스해 연안에서 운영하는 맥머도기지도 영국 사람

이름에서 따왔으니까요.

암튼 아문센 팀이 세계 최초로 남극점에 도달했고 스콧 팀은 한 달 늦게 남극점에 도달했습니다. 귀환하는 길에 스콧 팀은 전원이 사망했으니 남극점에 한발 늦게 도착한 것보다 더 비극적인 결말입니다. 아문센은 어떻게 스콧보다 먼저 남극점에 도착할 수 있었을까요? 스콧 팀은 왜남극점에 늦게 도착했을 뿐만 아니라 전원 사망했을까요? 그 이유는 매우 단순합니다. 아문센 팀이 스콧 팀보다 남극점을 향해 일찍 출발했고 더 짧은 경로를 이용했으며 이동 방식이 더 효율적이었기 때문입니다. 아문센은 개썰매로 이동했거든요. 스콧은 이미 가봤던 길을 고수하다 보니경로가 더 길었고 전통대로 걸어서 가다 보니 이동 속도도느렸습니다. 게다가 스콧 탐사대는 남극대륙 지질조사를진행하면서 이동했기에 더 긴 시간이 걸렸죠. 이런 상황에서 출발마저 늦었으니 아문센보다 남극점에 늦게 도달하는 것은 당연한 결과였습니다. 한마디로 아문센 탐사대의승리는 군더더기를 줄인 효율의 승리입니다.

아문센은 전문 탐험가였고 스콧은 군인이었습니다. 전문 탐험가인 아문센은 규율과 인내로 단련된 한편 자유로운 사람이었습니다. 눈치 볼 사람이 적었다는 의미입니다. 반면 직업군인이던 스콧은 주어진 임무와 전통을 충실하게 수행해야 한다고 생각한 매우 고지식한 사람이었습니다.

아문센과 스콧에 대한 역사적 평가는 매우 다양합니다. 개인적으로는 아문센의 효율도 높이 평가하지만 주어진 임무를 성실히 수행하고자 한 스콧의 고지식함도 인정합니다. 무엇보다 죽기 직전까지 자신과 동료에 대해 그가 지킨 인간적 품위는 존경하지 않을 수 없습니다.

(위) 세계 최초로 남극을 정복한 아문센 탐험대와 로알 아문센(1911년)
(아래) 아문센보다 34일 늦게 도착한 로버트 스콧 탐험대(1912년)

섀클턴에게는 왜 '위대한 실패'라는
수식어가 붙었나요?

아문센과 스콧은 남극점 정복에 성공했다는 공통점이 있습니다. 그런데 두 사람과 더불어 반드시 어니스트 섀클턴Ernest Shackleton 1874~1922이 거론되는 것은 좀 흥미롭습니다. 섀클턴은 남극점에도 못 갔고 일생의 기획이었던 남극대륙 횡단도 실패했기 때문입니다. 실패한 탐험가일 뿐인 섀클턴을 왜 그렇게 기리고 높이 평가할까요? 섀클턴은 거의 최악 상황에서 탐사대원 전원 생존이라는 기적을 이룬 리더이기 때문입니다. 성공도 중요하지만 실패했음에도 생존해내는 것! 어쩌면 더 중요하지 않을까요?

아문센의 남극점 정복 후 섀클턴은 남극대륙 횡단이라는 새로운 도전을 시도합니다. 서남극으로 상륙한 후 대륙을 횡단해 스콧의 남극점 정복을 위한 관문이던 로스해로 나오는 경로였죠. 이 원대한 목적 달성을 위해 섀클 턴은 후원자들에게 후원금을 모금하고 탐사를 함께할 대 원들을 모집합니다. "매우 위험하고, 보수도 적으며, 혹독 한 추위를 견뎌야 하고, 몇 달 동안 어둠 속에서 생활해야 하며, 위험이 상시적이고 무사 귀환도 불확실하지만 성공 했을 시 명예와 영광이 따른다"는 짧은 광고를 보고 지원 한 사람이 무려 5,000명이었다네요. 당시 남극 탐사를 향 한 관심이 얼마나 대단했는지 알 것 같습니다. 5,000명 중 27명을 대원으로 선발한 섀클턴은 후원금으로 배 한 척과 구명정 세 척을 구입한 후 위험한 여정을 떠납니다. 새로 구입한 배에는 인듀어런스endurance라는 이름을 붙였고 세 척의 구명정에는 후원자들의 이름을 붙였습니다. 섀클턴 도 인듀어런스 즉 인내가 자신의 탐사 전체를 상징하는 키 워드가 되리라곤 예상하지 못했겠죠.

섀클턴은 27명의 탐사대원과 인듀어런스호를 승선해 1914년 12월 5일 서남극을 향해 출발합니다. 하지만 항해 는 처음부터 난관에 부딪힙니다. 남극이 여름이었음에도 예상보다 해빙이 많아 인듀어런스호가 해빙에 갇히고 맙 니다. 탐사대는 겨울이 오기 전 남극대륙에 상륙해야 했으 나 해빙에 갇혀 옴짝달싹 못 하자 겨울을 나고 봄이 오기 까지 기다릴 수밖에 없었습니다. 해빙에 갇힌 채 아홉 달

동안 표류하며 기다렸던 봄은 새로운 위기를 안겨주었습니다. 해빙이 녹기 시작하자 떠다니는 부빙에 충돌해 인듀어런스호가 파손된 것이죠. 섀클턴 탐험대는 이 상황에서 배를 포기하고 생존을 위한 최소한의 물품만을 챙겨 해빙 위로 내려옵니다. 그러나 여름이 다가오면서 해빙이 계속 녹아 해빙 위에서의 생활은 불안정해졌습니다. 선택지는 하나, 구명정 세 척에 최소한의 생존 물품을 싣고 가까운 섬으로 이동하는 것이었습니다.

오랜 표류 끝에 탐사대는 엘리펀트섬이라는 무인도에 상륙합니다. 엘리펀트섬은 세종과학기지가 위치한 킹조지섬이 속한 남셰틀란드 군도 동쪽 끝 섬입니다. 매우 척박한 환경이죠. 일단 육지에 상륙은 했지만 엘리펀트섬은 사람이 사는 섬들로부터 거의 1,900km 떨어진 오지였습니다. 가진 이동 수단은 구명정 세 척뿐. 섀클턴은 다시 결단을 내립니다. 선발대를 이끌고 거친 바다를 건너 인듀어런스호가 출항했던 사우스조지아로 가서 구조대를 데리고 오겠다는 것이었죠. 섀클턴과 선발대 5명이 건너야 하는 바다는 지구상에서 가장 험악하다는 드레이크 해협이었습니다. 세상에서 가장 거친 바다를 작은 배 한 척으로 건너야 하는 무모한 도전! 그러나 불가능해 보인다고 아무것도 하지 않는 것보다는 무엇이라도 해보는 것이 낫겠죠?

(위) 함께 승선했던 개들이 해빙에 갇혀버린 인듀어런스호를 지켜보는 모습
(아래) 구명정을 끌며 눈 위를 이동하는 섀클턴 탐험대

섀클턴은 마침내 드레이크 해협 통과에 성공합니다. 저도 아라온호와 유즈모 지올로지아호를 타고 드레이크 해협을 횡단한 경험이 있습니다만, 조각배 수준의 배로 이 험악한 바다를 건넜다는 게 상상이 가지 않습니다. 섀클턴은 드레이크 해협을 건너는 과정에서 하늘로 착각할 만큼 거대한 파도를 경험합니다. 이 장면은 영화 〈인터스텔라〉에서도 오마주하죠.

섀클턴과 선발대는 무사히 사우스조지아섬에 상륙했지만, 고난은 끝이 아니었습니다. 구명선을 파견할 수 있는 포경 기지는 산 하나를 넘어 가야 했거든요. 여기까지 왔는데 포기할 섀클턴 일행이 아니었죠. 다시 한번 구사일생 끝에 산을 넘어 포경 기지에 도달하고야 맙니다. 문제는 여기서 끝나지 않습니다. 구조대를 파견하려면 드레이크 해협을 건널 만한 큰 선박이 필요합니다. 배의 수소문은 쉽지 않았고, 선발대가 엘리펀트섬을 떠난 지 넉 달이 지난 후 겨우 배를 구해 구조하러 출발합니다. 과연 엘리펀트섬에 남은 대원들은 생존해 있었을까요? 1916년 8월 30일 섀클턴이 구조선을 이끌고 엘리펀트섬에 도착했을 때 탐사대원 전원이 무사히 생존해 있었습니다. 온갖 고비 끝에 살아서 만난 그들의 심경은 어떠했을까요? 여러분의 상상에 맡깁니다.

우리나라에서 남극을
처음 간 사람은 누구인가요?

한국은 20세기 후반까지 남극과 거의 인연이 없었습니다. 20세기 초중반은 일제강점과 한국전쟁으로 고통을 받았으니 생존 자체가 문제였죠. 그 후에는 전후 회복과 경제 개발에 시동을 거느라 바빴습니다. 남극 탐사와 연구는 아무래도 미래 가치를 위한 투자인데 당장 생존이 시급한 상황에서 불투명한 미래까지 생각할 여력은 없었겠지요. 하지만 경제 규모가 커질수록 남극과의 만남은 필연입니다. 대한민국 국적을 가진 사람으로 남극을 처음 방문한 사람은 부경대학교 교수였던 이병돈 박사입니다. 이병돈 박사는 1963년 미국 유학 시절, 연구를 위해 아르헨티나 남극 기지를 방문했습니다. 개인적인 차원에 가까웠죠.

대한민국과 남극과의 공식적인 만남은 15년을 기다려

야 했습니다. 첫 만남은 수산업이었습니다. 1978년에서 1979년까지 남북수산이라는 업체가 남빙양에서 크릴 조업을 한 것이 최초의 남극 공식 진출입니다. 당시 수산청이 경비의 반을 부담했다고 하니 정부도 남극 진출 의지가 있었던 걸로 보입니다. 남북수산은 동남극 엔더비랜드와 윌크스랜드 근해에서 크릴 조업을 했습니다. 어획량은 500톤 정도로 많지 않았으나 남빙양에서 첫 조업을 한 것은 큰 의미가 있었습니다. 크릴을 주로 잡긴 했지만 메로(남극이빨고기)도 잡았다고 합니다.

남극대륙의 주인은 누구인가요?

"남극대륙은 주인이 없는 대륙이다"라는 말이 있는데 절반의 진실입니다. 일론 머스크가 화성으로 이주해 집을 짓고 살겠다고 하면 가능할까요? 적어도 아직까지는 가능합니다. 화성 관련 국제 규제는 아직 없기 때문입니다. 하지만 남극에 집을 짓고 살겠다고 한다면 그건 거의 불가능합니다. 화성은 무주공산에 가깝지만 남극대륙은 그렇지 않습니다. 남극대륙은 엄연한 관리 주체가 있고 허락 없이 아무나 함부로 들어가서 어떤 행위를 할 수 없습니다. 관리 주체가 누구냐고요? 바로 남극조약협의당사국들입니다. 남극조약협의당사국이 무엇인지 이해하려면 먼저 남극조약을 알아야 합니다. 남극조약은 남극권을 어떻게 관리할지를 정한 국제협약입니다. 남극조약을 좀 더 알아볼까요?

　남극대륙을 본격적으로 탐사한 20세기 초 탐사 활동도 꾸준히 이어졌습니다. 전 세계가 양차 대전으로 초토화되어 남극대륙까지 깊이 신경 쓸 여력이 없었음에도 인접 국가들은 남극에 기지를 세우거나 탐사 활동을 하면서 영유권 주장을 계속했습니다. 여러 나라가 영유권을 주장하는 남극대륙을 어떻게 할 것인가? 전후 중요 이슈 중 하나였지만, 전후에 처리할 일이 워낙 많아 남극대륙은 오랜 기간 후순위로 밀려 있었습니다. 물론 전승국 미국은 남극대륙에 관심이 많아 기지를 짓는 등 관리를 하고 있었죠. 하지만 이 거대한 얼음 대륙은 미국 단독으로 관리하기엔 규모가 너무 컸습니다. 북극해 연안 국가로서 극지 강국인 소련의 견제도 만만치 않았죠. 소련의 전신 러시아는 남극대륙을 처음 발견한 벨링스하우젠 보유국이었습니다. 앙숙인 칠레와 아르헨티나가 서로 영유권을 주장하는 지역은 겹치기까지 했습니다.

　너도나도 영유권을 주장하면서 분쟁의 소지가 많아지자 과학자들이 나섰습니다. 남극 문제 해결에 과학자들의 역할이 무엇이었는지를 파악하려면 극지를 둘러싼 국제 공동연구 역사를 살펴볼 필요가 있습니다. 기본적으로 지구 환경을 이해하고 미래를 가늠해보기 위해서는 양극 연구는 필수입니다. 전 지구적인 대양과 대기, 대류 간 상호 작용을 파악하기 위해서는 양극 연구가 반드시 포함되어 야 하기 때문입니다. 하지만 극지는 워낙 넓고 위험하기에 개인 연구는 물론 국가 단위로도 접근이 쉽지 않습니다. 그래서 과학자들은 일찌감치 극지 연구에는 국제 공동연구가 필수라는 공감대가 있었습니다.

이런 상황에서 제1차 국제 극지의 해(IPY: International Polar Year 1882~1883)를 정해 국제 공동연구를 수행한 것은 기념비적 사건입니다. 첫 극지의 해에는 12개국이 참여해 북극 기상관측 등 총 15회 극지 탐사를 수행했다고 합니다(북극 13회, 남극 2회). 제2차 IPY(1932~1933)는 약 50년 후 수행됐습니다. 세계기상기구에서 태양흑점 최소 활동기로 예상된 기간 대류권 상부의 '제트류Jet Stream'가 세계 전체에 미치는 영향을 국제 공동연구로 진행한 것이죠. 이 시기에는 지구에 대한 관심이 국제적으로 높아져서 1차보다 많은 40개국이 참여하고 다수의 관측 기지가 북극에 설치됩니다.

24년이 지난 1957~1958 기간은 태양흑점 활동의 극대화가 예측된 시기였습니다. 과학자들은 이 기간을 국제지구관측년(IGY: International Geophysical Year)으로 정해 남극에서 대규모 관측을 기획했습니다. 극지관측년에서 지구관측년으로 이름을 바꾼 건 극지 연구가 전 지구적인 이슈라는 점 때문일 것 같네요. 이번에는 70개 나라의 과학자들이 참여해 규모가 더욱 확대되었습니다. 북극에 치중했던 이전 연구에 비해 남극 비중이 훨씬 커졌습니다. 이 기간 12개국이 65개 남극 기지를 설치했고, 67개국에서 과학자 5,000여 명을 파견했죠. 그런데 이 시기는 남극을 둘러싼 국가적 분쟁이 격화되던 상황이었습니다. 과학자들에겐 남극이라는 중요한 영역이 특정 국가 영유가 되거나 분쟁 지역이 되면 관측과 연구에 많은 장애가 생기리란 문제의식이 있었습니다. 과학자들은 남극대륙은 반드시 평화적으로 관리되어야 한다고 주장했습니다. 국제 사회는 과학자들의 이런 문제 제기를 수용했습니다. 미국이 당시 영유권을 주장하던 12개국을 초청해 남극을 평화적으로 관리하기 위한 조약을 추진하기로 한 것이죠. 그 결과 1959년 남극조약이 채택됐고 1961년 발효됐습니다. 남극조약의 핵심은 남극대륙과 남극해에서 군사 활동을 금지하고 누구나 과학 조사와 연구 자유를 누리며 남극을 평화적으로 이용하자는 것입니다. 참고로 전후 첫 번째로 체결된 군축 조약이라는 사실도 말씀드리고 싶네요.

남극조약은 현재 54개국이 회원국으로 가입해 있습니다. 12개국으로 출발했는데 가입국이 4배 가까이 증가한 셈이죠. 그런데 남극조약에 들어갔다고 해서 동등한 발언권을 갖진 않습니다. 조약 운영의 실질적인 권한은 남극조약에 처음 서명했던 12개 원초 서명국과 더불어 과학기지설치 등을 통해 현지 연구 활동을 수행하는 17개 국가가 갖고 있기 때문이죠. 이 29개(원초 서명국 12개국과 현지 연구 활동 수행을 통해 권한을 갖게 된 17개국) 국가를 '남극조약협의당사국(ATCP: Antarctic Treaty Consultative Party)'이라고 합니다. 남극조약의 이사국들인 셈이죠. 이들 국가는 남극조약협의당사국회의(일명 남극조약회의)에서 중요한 결정을 위한 투표권을 행사합니다. 한국은 세종과학기지건설 이후 남극조약협의당사국이 되었습니다.

남극조약 발효 후 남극의 환경보호에 대한 국가 간 공감대가 이뤄져 1991년 10월 4일 환경보호를 위한 남극조약의정서(일명 마드리드의정서)가 채택되었습니다. 이 의정서가 발효된 1998년부터 50년 동안 남극 지하자원을 일체 개발하지 않기로 했습니다. 올해가 2024년이니 벌써 절반이 흘렀네요. 그렇다면 그 후는 자원 개발이 가능할까요? 그때까지 개발하지 말자는 것이지 그 이후에 개발하자는 것은 아닙니다. 그때가 되면 상황에 따라 새로운 의결이 내려질 수 있겠지만 개발하자고 의결할 가능성은 매우 낮은 것 같습니다.

우리나라는 언제 남극조약에 가입했나요?

남극에서 활동하려면 남극조약 가입이 필요합니다. UN 회원국의 경우 신청만 하면 남극조약에 자동 가입되지만 대한민국은 당시 비회원국이었습니다. UN 가입을 할 수 없던 분단국가 대한민국의 비애였습니다. 1980년대는 냉전 시기라 남극조약협의당사국에 소련과 중국이 포함된 상황에서 남한의 남극조약에 단독 가입 가능성은 매우 낮았습니다. 소련과 중국의 입장은 남한 단독 가입은 허용할 수 없으니, 남북이 동시 가입하라는 것이었죠. 당시는 UN 남북 동시 가입도 상상 못 하던 시절입니다.

돌파구가 하나 있기는 했습니다. 남극에 가서 국제 사회를 설득할 만큼 의미 있는 활동을 하는 것이죠. 그리고 이 활동에는 과학 탐사가 필수적으로 포함되어야 했습니다. 1980년대, 남극을 가본다는 건 상상도 할 수 없는 일이었습니다. 남극에 가본 적도 없고 아는 것도 거의 없는데 남극에 가서 무언가 활동을 해야 하고 게다가 과학 활동을 하고 오라니!

그런데 이 임무를 수행하겠다고 나선 민간 단체가 있었습니다. 바로 한국해양소년단연맹. 해양소년단은 '해상 활동이나 해양 환경 등에 주된 관심을 가지고 진행하는 청소년 운동 단체'입니다. 당시 해양소년단 윤석순 총재의 말을 인용하면 "한국의 남극조약 가입과 남극 자원 개발에 참가하는 계기를 조성하고 국민의 진취기상을 고취시키겠다는 목표로 남극 탐험을 결정"했다고 합니다.

당시 가능했던 남극에서 의미 있는 활동으로는 남극 최고봉 빈슨 매시프Vinson Massif, 4,897m 등반이 있었습니다. 프로 등산가들에겐 각 대륙의 최고봉을 모두 정복하는 로망이 있습니다. 예를 든다면 아시아는 에베레스트, 아프리카는 킬리만자로가 해당되겠죠? 에베레스트산은 오를 수는 없어도 적어도 그 앞까지는 갈 수 있는데 남극은 가기가 힘드니 난이도로 따지면 가장 어려운 곳이 빈슨 매시프였습니다. 그런데 남극에 가는 것은 거의 불가능해 보이는 당시에도 한국에 남극 등반을 준비하는 등반가들이 있었습니다. 0.1%의 가능성을 준비하는 사람들이었죠. 여러 자료를 보면 당시 남극을 가고자 하는 모험심을 가진 사람들이 많았기에 빈슨 매시프 등정팀을 꾸리는 것은 어렵지 않았다고 합니다.

문제는 과학 활동이었습니다. 과학자들이 가서 남극에서 과학적인 조사를 해야 하는 것이죠. 당시 정부는 여러 출연 연구소에 남극 탐사 활동을 할 과학자를 파견해달라는 공문을 보냅니다. 그런데 대부분의 기관이 응답하지 않았습니다. 고양이 목에 방울 달기 비슷한 상황이었죠. 유일하게 당시 신생 연구소였던 해양연구소가 과학자를 파견하겠다고 응답했습니다. 정부에서 비용을 마련해준 것도 아니었고 대부분의 경비는 자체 조달이었죠. 당시 해양연구소에서는 지질학자 장순근 박사와 대기과학자 최효 박사의 파견을 결정했습니다. 이렇게 팀은 꾸려졌는데 사상 초유의 남극 탐험 계획을 승인해주거나 탐사 과정에서 생길 사고에 책임질 정부 부처가 없었답니다. 결국 청와대가 직접 승인했다고 하죠.

이와 같은 우여곡절 끝에 꾸려진 남극관측탐험대는 1985년 11월 16일 남극을 향해 떠납니다. 단장 1명, 등반 경험자 7명, 해양연구소 과학자 2명, 대원 및 보도진 7명 등 총 17명이었습니다. 남극관측탐험대는 남극 최고봉 빈슨 매시프를 등정할 팀과 킹조지섬에서 3주 머물며 외국 기지 운영과 킹조지섬의 자연환경에 관한 자료를 수집하는 임무를 맡은 팀, 두 팀으로 나뉘어 있었습니다.

우선 등정팀이 11월 29일 0시 30분 온갖 어려움을 극복하고 세계에서 여섯 번째로 정상 정복에 성공합니다. 킹조지섬 조사팀 역시 현장 조사 업무를 수행합니다. 윤석순 단장과 홍석하 대장, 장순근 박사, 최효 박사, 보도진을 포함한 킹조지섬 조사팀은 필데스반도 동쪽 해안 베이스캠프에서 극지 생활을 체험하는 한편 외국 기지도 방문해 남극조약 가입을 위한 외교 활동과 남극 진출에 필요한 자료를 수집했습니다. 당시까지 외교 관계가 전혀 없던 중국 기지에 방문해서 외교의 물꼬를 트기도 합니다.

그렇게 해양소년단이 주도한 남극 관측 탐험은 성공했고 당시 화제가 되었습니다. 1986년 MBC에서 다큐멘터리로 제작해 방송했기 때문이죠. '지구의 끝 남극에 가다'라는 제목이었습니다. 이 다큐를 통해 생소하기만 했던 남극의 생생한 모습이 국민에게 전달되었습니다. 당시 고등학생이던 저도 이 다큐를 어렴풋이 기억합니다. 그때 출판된 남극 관련 책을 한 권 사기도 했는데 지금도 갖고 있습니다. 이 인연으로 극지연구소에서 일하게 되었는지도 모릅니다.

우리나라는 해양소년단의 남극 관측 탐험 활동을 근거

로 해서 이듬해인 1986년 남극조약 가입을 신청했습니다. 소련과 중국은 여전히 남북한 동시 가입이라는 원칙을 고수했지만 다른 남극조약협의당사국을 설득해 1986년 11월 28일 마침내 남극조약 가입에 성공하게 됩니다. 세계에서 서른세 번째였습니다. 참고로 북한도 이듬해인 1987년 서른다섯 번째로 남극조약에 가입합니다.

단순히 남극조약에 가입하는 건 큰 의미가 없습니다. 남극에서 발언권을 가지려면 남극조약협의당사국이 되어야 하는 거죠. 남극조약협의당사국이 되려면 남극에서 지속적인 활동을 해야 합니다. 기지를 짓고 관리하는 것이 대표적인 예로 볼 수 있습니다. 정부에서는 이를 위해 1987년 해양연구소에 극지연구실을 설치하고 기지 건설에 박차를 가해 1988년 2월 17일 세종과학기지를 준공했습니다. 상주 기지를 가진 열여덟 번째 국가가 된 것이죠. 놀랍게도 세종과학기지 준공 바로 다음 날부터 월동을 시작했습니다. 이 활동을 바탕으로 1989년 세계에서 스물세 번째로 남극조약협의당사국이 됩니다. 남극에서 당당하게 발언권을 행사할 수 있게 된 것이죠.

1985년 남극 관측 탐험부터 1986년 남극조약 가입, 1987년 해양연구소 극지연구실 설치, 1988년 세종과학기지 준공과 첫 월동, 1989년 남극조약협의당사국이 되기까

세종과학기지는 본관동, 연구동, 숙소, 중장비보관동 등으로 이루어져 있다
ⓒ극지연구소

지 단 4년이 걸렸습니다.

　지금 이 전체 과정을 보면 참 숨 가쁘게 돌아간 것 같습니다. 개인적으로는 무모한 듯 보이는 이 열정들이 현재 대한민국을 만들어낸 힘이 되지 않았을까 싶군요.

세종과학기지와 장보고과학기지에서는
무슨 일을 하나요?

한국 과학계에서 유명한 브랜드를 꼽으라면 아마 세종 과학기지가 빠지지 않을 겁니다. 장보고과학기지나 다산 과학기지 하면 고개를 갸우뚱하시는 분들은 꽤 있는데 아직 세종과학기지를 모르는 분을 만나본 적이 없습니다. 그만큼 국민적 관심 속에서 기지 건설이 추진되었고 신문과 방송에서도 세종과학기지에 대한 뉴스를 자주 다루었기 때문입니다. 저는 이런 말을 자주 들었습니다. 한국 역사상 최초로 한국 땅에서 아주 먼 곳에 우리 영역을 확보한 쾌거 아니냐? 그런데 딱 거기까지입니다. 세종과학기지 연구원들이 남극에 가서 뭔가 큰일을 하는 것 같다는 어렴풋한 짐작만 할 뿐 어떤 일을 하는 곳인지 아는 분은 별로 없습니다. 극지연구소에서 일한다고 하면 세종과학기지에서 일한다고 생각해 남극에서 생활하다 오랜만에 한국 나왔냐고 묻는 분도 많습니다.

기지와 연구소는 다릅니다. 연구소는 실질적으로 연구를 진행하는 기관이지만 기지는 관측과 현장 조사를 위한 거점이거든요. 기지에서도 연구가 진행되지 않는 것은 아니지만 연구는 한국에 돌아와서 자기가 속한 연구실에서 진행하는 게 일반적이죠. 관측과 현장 조사 항목이 매우 다양하고 전문적인 영역이라 일일이 다 소개하기 어렵습니다. 그리고 방문하는 연구자들이 각자의 아이템을 갖고 와서 독자적으로 현장 연구를 진행하니 분야가 다르면 같이 기지에 있어도 서로 뭘 하는지 잘 모릅니다. 세종과학기지에는 극지연구소 연구자뿐 아니라 국내 대학교수, 학생, 국외 연구자 등 정말 다양한 사람이 머무르거든요.

남극 기지에 머무는 팀들은 월동대와 하계대로 나뉩니다. 남극은 긴 겨울과 짧은 여름 거의 두 계절뿐이라고 보면 됩니다. 겨울에는 하루 종일 밤이고 기온도 매우 낮고 바람도 많이 불기 때문에 현장 조사가 거의 불가능합니다. 기지에는 기지 관리와 최소한의 현장 모니터링을 위한 인력만이 남아 있죠. 이 팀을 월동대라고 합니다. 하계대는 남극의 여름인 12월부터 3월까지 기지를 중심으로 남극에서 다양한 현장 조사와 관측 활동을 하는 연구자들을 지칭합니다. 하계대로 참가하는 숫자는 상상보다 많습니다. 연간 100여 명 정도 되니까요. 과학자는 아니어도 예술인도 초청받아 갈 때가 있습니다. 정치인이나 행정 관련자도 향후 정책에 참고하기 위해 방문하기도 합니다.

세종과학기지에서 행해지는 주 업무는 현장 조사, 관측과 모니터링이지만 국제 협력 역시 매우 중요합니다. 국제 협력은 대체로 두 가지 방식으로 이루어집니다. 타국 연구자들에게 숙식과 현장 조사 지원을 제공하는 것입니다. 타국 연구자들은 국내 연구자들과 협력해 오기도 하지만 독자적으로 기지 체류를 요청하기도 합니다. 물론 한국 연구자들도 타국 기지에 체류 신청할 수 있습니다. 저도 킹조지섬에 있는 러시아 기지, 디셉션섬에 있는 스페인 기지에 방문해본 적이 있죠. 짧은 시간이었지만 미국 맥머도기지에도 방문했습니다. 어떤 비용도 지불하지 않고 숙식과 현장 조사 지원을 제공받았죠. 타국 기지에 방문해서 다양한 음식과 문화를 체험하고 다양한 나라 사람들과 대화할 수 있던 건 개인적으로 매우 좋은 체험이었습니다.

세종과학기지가 있는 킹조지섬은 가장 많은 남극 기지가 몰려 있는 곳입니다. 칠레 기지, 러시아 기지, 미국 기지, 중국 기지 등등 많은 기지가 여기에 있죠. 월동 기간 타국 기지 방문을 통해 서로 우의를 다지기도 합니다. 남극 기지는 주남극 한국대사관인 셈입니다.

장보고과학기지는 세종과학기지와 어떤 점이 다를까요? 건물이 다르다는 이야기는 빼도록 하겠습니다. 장보고과학기지는 대륙에 세워진 기지입니다. 남극대륙 인근 섬에 세워진 세종과학기지와는 좀 차원이 다르다고 볼 수 있습니다. 세종과학기지가 위치한 킹조지섬이 현관이라면 장보고과학기지가 있는 테라노바만은 거실 초입 정도는 된다고 해야 할까요? 남극 내륙 심부까지는 아직 갈 길이 멀지만 그래도 본토에 기지를 건설했다는 건 큰 의의가 있습니다. 대륙 기지다 보니 각국의 여러 기지가 오순도순 모인 세종과학기지와는 분위기가 많이 다릅니다. 맥머도기지가 제일 가까운데 350km나 떨어져 있으니까요. 장보고과학기지에서도 인근 이탈리아 기지나 뉴질랜드 기지와의 협력이 활발하긴 하지만 기지 간 협력보다는 남극 연안 연구와 내륙 진출을 위한 독자적 거점으로서의 역할이 더 큰 것 같네요.

남극대륙 테라노바만에 자리한 장보고과학기지
겨울철이면 주변 바다가 다 얼어붙어 아라온호조차 접근하기 힘들다
ⓒ극지연구소 김시형

영화 <남극의 셰프> 보셨나요?
남극에선 무엇을 먹는지 궁금합니다.

극지연구소에서 일한다고 하면 "펭귄 봤냐?" 질문 다음으로 많이 받는 질문이 〈남극의 셰프〉 봤냐?", "남극에서는 뭘 어떻게 요리해서 먹느냐?"입니다. 처음에는 그냥 영화를 못 봤다고 넘기고 말았는데 만나는 사람마다 질문을 해서 영화를 찾아봤는데 꽤 재미있었습니다. 저도 남극 기지에서 생활한 경험이 있다 보니 공감되는 부분이 있더군요. 영화 배경이 된 책이 있다는 사실도 알게 되어 구입해서 읽었습니다.

영화 〈남극의 셰프〉의 주제는 과학이라기보다는 고립된 생활의 어려움과 그 어려움을 견디는 데 도움을 주는 요리라고 볼 수 있습니다. 〈인터스텔라〉가 엄청난 과학을 다루는 것 같지만 결국 휴먼 드라마이듯 말입니다. 남극에

서 무얼 먹는지 궁금해하는 분들이 많은데 〈남극의 셰프
〉를 봤다면 그 궁금증이 풀리지 않았을까요? 일본 기지에
서도 그냥 자기들 전통 음식을 요리해 먹는데 한국이라고
다를 리 있겠습니까?

남극 기지는 정기적인 보급이 쉽지 않아 부족한 물자가
발생할 수밖에 없습니다. 그럴 경우 남극에선 직접 제작하
거나 다른 기지와 물물교환을 해야 합니다. 여기서 교환은
가격을 매개로 돈이 오가는 게 아니라 서로 필요한 물건
을 주고받는 식이지요. 이에 관한 재미있는 에피소드가 있
습니다.

보급 물자 중에서 가장 아쉬운 것은 아무래도 채소였습
니다. 그곳에선 채소를 재배할 수 없고 저장하는 데도 한
계가 있었으니까요. 그래서 월동 후반부에 가면 고기는 남
아돌고 채소는 부족하기 일쑤였던 것이죠. 중국은 양파
를 요리에 워낙 많이 사용하다 보니 중국 기지의 양파 보
급량은 넉넉했답니다. 그래서 세종과학기지의 고기와 중
국 장성기지의 양파를 물물 교환했다는 이야기가 전설처
럼 전해집니다. 물론 오래된 과거의 이야기입니다. 이제 남
극 기지에서 채소 재배가 가능합니다. 수많은 시행착오 끝
에 수년 전부터 온실에서 채소를 기르고 있죠. 김치를 오
래 보관할 방법도 김치연구소와 협업을 통해 개선했다고

남극 세종과학기지 식물 공장 온실에서 갖가지 채소를 기른다
ⓒ극지연구소

합니다. 한국 사람에겐 김치가 중요한데 잘된 일이죠?

남극에서 셰프는 매우 힘든 일임에는 분명합니다. 세종과학기지나 장보고과학기지는 셰프 한 사람이 매일매일 요리해서 18명을 먹여야 하거든요. 하계 기간에는 많은 탐사대원이 기지에 체류하기에 훨씬 더 많은 음식을 준비해야 합니다. 음식만 해야 하나요? 설거지도 해야 합니다. 물론 설거지는 다른 대원들의 몫이긴 합니다.

왜 빙하를 시추하나요?

　남극 빙하는 단순한 얼음이 아닙니다. 장기간에 걸친 지구 환경 변화를 기록하기 때문입니다. 빙하를 연구하면 과거 대기 조성을 연구할 수 있습니다. 남극 얼음은 눈이 다져진 것입니다. 자꾸 눈이 쌓이면 밑에서는 눈송이 사이에 있던 공기가 얼음 속에 갇히게 됩니다. 때문에 그 공기는 요즘 공기가 아니고 그 눈이 쌓일 때 공기인 것이죠. 다시 말해 10만 년 전 얼음이라고 하면 10만 년 전 공기를 품고 있습니다.

　사실 전 다른 사람과 달리 〈남극의 셰프〉 영화 배경이 된 기지에 관심이 가더군요. 펭귄도 바이러스도 없다는 돔후지기지 말입니다. 세종과학기지와 장보고과학기지 주변에는 펭귄이 있는데, 돔후지기지에는 펭귄이 보이지 않습

극지연구소 연구원들이 남극 빙하를 시추하는 모습
ⓒ극지연구소 전성준

니다. 남극 하면 펭귄인데 펭귄이 없는 남극 기지? 앙꼬 없는 찐빵 같지 않나요? 왜 돔후지기지에는 펭귄이 없는 걸까요? 연안에서 먼 남극 내륙에 위치하기 때문입니다. 이걸 보면 펭귄이 남극을 대표한다는 게 얼마나 제한적인지 알 수 있습니다. 남극 내륙으로 들어가면 펭귄의 그림자도 볼 수 없죠.

돔후지기지는 어떤 목적으로 지어진 기지이며 어떤 특성이 있을까요? 돔후지기지는 세종과학기지나 장보고과학기지 같은 상주 기지와는 다른 목적을 가진 기지입니다. 돔후지는 빙하 시추라는 특정한 목표를 가진 사람들만 이용하는 한시적 기지라는 말입니다. 세종과학기지나 장보고과학기지 임무가 딱히 한 분야에 국한되지 않은 것과도 다르죠. 영화는 월동대원이 보내는 일상생활과 감정 묘사에 치중하지만 잠깐잠깐 빙하를 시추하는 모습을 보여줍니다. 시기는 1994년이니 90년대 중반입니다. 일본은 이미 그 당시에 독자적인 빙하 시추 기술을 갖고 있었다는 의미입니다. 일본 극지연구소는 오랫동안 빙하 시추의 리딩 그룹입니다. 빙하 시추가 가능한 나라는 미국, 러시아, 일본 정도입니다. 유럽은 프랑스와 이탈리아를 중심으로 공동 빙하 시추를 진행하고 있죠. 유럽은 이미 검증된 타국 시추 기술자를 초청해 시추를 진행하기에 원천적인 시추 기술을 가진 나라는 저 세 나라뿐이라고 해도 크게 틀리지 않습니다. 우리나라는 유럽과 공동으로 빙하 시추를 추진한 경험을 갖고 있습니다.

빙하 속 미생물이
인간에게 위험한 바이러스를 가져오면 어떡하죠?

남극 빙하 속에도 흥미로운 미생물이 산다는 사실은 확인되었습니다. 개인적으로 남극 빙하는 하늘에서 떨어진 눈이 쌓여서 만들어진 것인데 과연 위험한 바이러스가 들어 있을까 의문이긴 합니다만 전문가들은 위험한 미생물도 있긴 하다고 하니 100% 안심할 수는 없다는군요. 조심해서 나쁠 건 없겠죠?

그런데 북극은 그런 우려가 더 큽니다. 북극권에 넓게 펼쳐진 영구 동토층에는 다양한 미생물과 바이러스가 동결되어 있다고 알려져 있습니다. 그중에는 인류 탄생 전 활동하던 미생물과 바이러스도 있을 테고 인류에게 위험할 종도 있을 테죠. 지구온난화로 영구 동토층이 녹으면 동결되어 있던 위험 미생물이나 바이러스가 인류에게 해악을 끼칠 수도 있습니다. 하지만 모르는 대상이 아직 일으키지 않은 일에까지 큰 공포감을 느낄 필요는 없지 않을까 싶네요. 물론 동토층 내 미생물 연구는 반드시 필요하다고 생각합니다.

남극에도 냉장고나 냉동고가 필요한가요?

한국도 추운 겨울에 냉장고가 필요하지 않나요? 음식을 밖에 보관하지 않듯이 남극 역시 마찬가지입니다. 여기서 냉장고의 기능이 무엇인지 잠깐 생각해볼 필요가 있습니다. 냉장고의 주 기능은 단순히 낮은 온도뿐 아니라 일정한 온도를 유지하는 데 있습니다. 김치냉장고는 일정한 온도를 유지하는 것이 매우 중요하죠. 남극도 바깥 온도가 일정하지 않으리란 건 말 안 해도 아시리라 믿습니다. 냉장고의 온도는 영상입니다. 남극은 수시로 영하로 떨어집니다. 영하를 유지하는 장비는 냉동고라고 하죠.

국내 유일의 쇄빙연구선인 아라온호는
어떤 일을 하나요?

극지 연구를 제대로 하려면 쇄빙연구선은 필수입니다. 세종과학기지 건설 후 극지연구소 연구 영역이 획기적으로 넓어진 결정적 계기는 역시 2010년 아라온호 취항이었습니다. 아라온호 도입으로 인해 세종과학기지와 그 주변 해역에 한정되던 극지 연구가 남북극해로 확대됐거든요. 2014년 장보고과학기지 건설에도 아라온호의 덕이 컸습니다. 한국의 극지 연구는 단적으로 아라온 취항 전과 후로 나눌 수 있습니다.

아라온호 탄생에는 극지연구소 역사상 가장 비극적인 사건이 개입되어 있어 늘 마음이 처연해집니다. 2002년 남극의 급변하는 기상 속에서 통신이 두절된 동료 대원들을 구조하러 출발했던 구조대원 중 전재규 월동대원이 사망한 사건이 발생했거든요. 전재규 대원은 당시 박사과정 진학을 고민하던 학생이었습니다. 전재규 대원의 죽음으로 남극 연구의 열악한 환경이 알려지고 쇄빙연구선 건조에 대한 여론이 떠올라 정부에서 쇄빙연구선 건조를 결정했습니다. 사실 극지연구소에서는 수년 전부터 정부에게 쇄빙연구선 건조의 필요성을 꾸준히 설득하던 상황이었죠. 결과적으로 원하던 쇄빙연구선을 얻었지만 마냥 기뻐할 수만은 없었습니다. 전재규 대원의 희생의 가치를 높이는 것은 아라온호를 잘 활용해 훌륭한 과학적 성과를 내는 게 아닐까요.

아라온호는 7,507톤으로 쇄빙연구선치고는 크다고 볼 수는 없습니다. 유명한 쇄빙연구선인 독일의 폴라슈테른이나 미국의 힐리 같은 배들은 15,000톤급이니까요. 물론 미국의 유명한 쇄빙연구선인 나다니엘 파머는 아라온호보다 작습니다. 아라온호는 나다니엘 파머호를 상당 부분 참고해 제작한 배입니다.

쇄빙연구선이 어떤 배인지 먼저 알아볼까요? 쇄빙선과 쇄빙연구선은 쇄빙을 한다는 것을 빼면 많이 다릅니다. 쇄빙선은 화물선이거나 여객선인 반면 쇄빙연구선은 해양 탐사를 목적으로 하는 배입니다. 현재 가장 크고 많은 쇄빙선을 보유한 나라는 러시아입니다. 왜일까요? 북극해가 러시아의 앞바다이기 때문입니다. 향후 북극해가 중요한 무역 항로가 될 때를 대비해 러시아는 장기적인 준비를 하는 것이죠.

　해양 탐사의 범위에는 해저 지질, 수층, 대기까지 모두 포함됩니다. 아라온호는 해저 지형을 조사하는 장비, 해저 지층을 탐사하는 장비, 수층을 탐사하는 장비, 대기 관측 자료를 획득하는 장비 등 훌륭한 해양 탐사 장비를 전부 갖추고 있습니다. 물론 부족한 점도 있지만 이 정도면 수준급 해양 조사선입니다.

극지연구소에서 운영하는 국내 유일의 쇄빙연구선 아라온호
배에는 해양 지질, 대기 현상, 바다 생태계 연구 등을 위한 각종 첨단 장비가 실려 있다
ⓒ극지연구소 박호준

남극조약처럼 북극에는 북극조약이 있나요?

남극조약과 같은 국제조약은 없습니다. 북극은 인류에게 아주 먼 곳이 아니었고 역사도 길기 때문에 남극과는 조건 자체가 다릅니다. 인류가 전혀 살지 않던 남극과 달리 북극권에는 국가 시스템으로 묶이지 않은 원주민들이 이미 살았죠. 그리고 주변에 이해관계가 깊은 강대국이 너무 많습니다.

그나마 '북극이사회'라는 북극에 관한 가장 포괄적인 정부 간 협의체가 있긴 합니다. 1996년 캐나다의 주도로 창설되었고 북극의 환경 보전과 북극권 원주민을 보호하기 위한 다양한 논의를 진행했습니다. 2011년과 2013년에 처음으로 구속력 있는 국제협약을 도출했고 2017년에는 북극과학협력협정이 만들어졌습니다. 북극이사회는 북극

원주민의 목소리가 투영되는 독특한 의사결정 체계를 구축해 국가 간 국제정치적 논란으로부터 비교적 자유로운 편입니다.

북극이사회는 북극 기후 변화 평가, 북극 해운 평가, 북극 생물 평가 등 다양한 문제에 대해 북극 국가 중심의 대응 방안을 도출하는 성과를 냈습니다. 다만 러시아-우크라이나 사태 이후 러시아를 제외한 7개 회원국이 사업 불참을 선언하여 그간 북극이사회 사업이 중단되고 말았죠. 그러다 작년(2023년)에 노르웨이가 북극이사회 새로운 의장국이 되면서 사업 재개를 위한 노력을 기울였고 최근 북극이사회가 재개의 움직임을 보이고 있습니다. 앞으로 북극이사회가 다시 잘 운영된다면 북극 문제를 논의하는 가장 포괄적인 국가 간 협의체로서 역할을 할 것으로 예상합니다.

우리나라는 북극 연구를 언제부터 했나요?

세종과학기지가 완공된 1988년 이후 본격적인 남극 연구가 시작됩니다. 매년 월동대를 파견했고 매년 세종과학기지 주변 탐사와 연구를 위해 하계대를 보냈죠. 남극 연구는 세종과학기지 주변과 그 주변 해역을 대상으로 꾸준히 진행되었습니다.

남극에 한하던 극지 연구 영역이 북극권까지 확장한 것은 2002년 노르웨이령 스발바르섬에 다산과학기지를 건설한 이후입니다. 북극 역시 한국과 이해관계가 많이 얽힌 곳이지만 20세기 동안 북극에서의 활동은 별로 없었습니다. 한국과 북극 주변국인 캐나다, 미국, 러시아, 스웨덴, 덴마크 등과의 관계를 생각하면 북극 문제가 남 일만은 아니었습니다. 기지를 건설하려면 북극과학위원회IASC 가입은 필수였습니다. 북극에는 북극이사회라는 국제 협의체가 있죠. 당시 대한민국은 '북극과학위원회' 가입을 전제로 스발바르에 기지를 설치하고 장기 연구를 하겠다고 약속합니다.

대한민국은 2013년 5월 스웨덴 키루나에서 개최된 북극이사회 각료회의에서 중국, 일본과 함께 정식 옵서버 지위를 획득합니다. 우리도 북극 국가들과 북극 문제를 주제로 직접 이야기할 자격을 갖게 된 것이죠. 오랜 기간 북극 국가와 정부 협력 교류는 물론 민간 교류를 다양하게 해왔고 과학 연구를 비롯해 양자, 다자간 협력 틀을 유지한 덕분이죠. 예를 들어 북극 8개국 중 러시아를 제외한 7개국과 FTA를 체결했으며, 5개국과 과학협정, 4개국과 해운협정을 체결했습니다.

세계에서 열두 번째로 건설된 북극 기지인 다산과학기지
노르웨이령 스발바르섬에 위치하며 북극 기후와 지질, 생물 연구 등을 진행한다
ⓒ극지연구소

북극에도 사람이 살고 있나요?

북극은 바다, 남극은 대륙이라는 말이 진실처럼 통용되고 있지만, 이 말 역시 부분적 사실일 뿐입니다. 남극권과 북극권을 생각한다면 남극에도 바다가 있고 북극에도 땅이 있습니다. 남극의 경우 남극점을 포함한 넓은 영역에 대륙이 위치하고 있는 것은 사실입니다. 대륙이라는 말에도 나름대로 정의가 있습니다. 호주는 대륙이고 그린란드는 섬입니다. 크기 차이로 구분하는 거죠. 하지만 남극권 모두가 대륙인 것은 아닙니다. 남극대륙은 남극해라는 대양으로 둘러싸여 있고 로스해, 아문센해, 웨델해 등 내해도 있습니다.

북극권 대부분 영역이 바다인 것은 사실입니다. 북극해해빙은 바다가 얼어붙은 것이지요. 그렇다고 해서 북극권에 전혀 땅이 없는 것은 아닙니다. 사실 면적으로 따지면 굉장히 넓은 땅이 있다고 볼 수 있습니다. 북위 66° 이북으로 정의되는 북극권에는 러시아 시베리아 북부, 캐나다 북부와 그 주변의 섬들, 미국의 알래스카 북부의 일부 영역, 유럽에선 그린란드의 대부분, 스웨덴, 핀란드, 노르웨이 북부 일부, 노르웨이령 스발바르 제도가 속합니다. 북극해가 면적상으로는 가장 넓지만 땅인 곳도 꽤 많습니다.

남극대륙과 북극의 중요한 차이는 남극권과 달리 북극권에는 아주 오래전부터 사람들이 살아왔다는 것입니다. 남극대륙에는 20세기 들어서야 인간이 본격적으로 진출했죠. 그 이전까지는 전혀 사람이 살지 않았다고 봐도 무방합니다. 북극권 주민들은 대체로 아시아계 인종인데 선사시대인 빙하기부터 이 지역으로 이주해 살아왔다는 설이 있지만 확실하진 않습니다. 만약 이것이 사실이라면 어느 문명권보다 오래 지속된 종족일 가능성도 있지 않을까요? 마지막 빙하기가 풀린 것이 1만 년 전이니 그 이전에 이미 북극권으로 이주해 살아온 셈이니까요. 그들은 왜 그 오랜 시절부터 추운 북극권에서 살게 됐을까요? 개인적으로 관심 있는 주제이긴 한데 역사 기록이 없다 보니 많은 부분이 미지의 상태로 남아 있습니다. 북극권에는 현재 원주민 포함 약 400만 명이 산다고 합니다.

북극권 원주민 중 가장 널리 알려진 명칭은 에스키모인데 현재 북극이사회에서 공식적으로 사용하지 않습니다. 북극권의 공식적인 원주민 단체는 6개로 북극이사회에서 발언권을 행사하고 있죠. 요즘 알려져 있는 이누이트는 6개 원주민 그룹의 하나인데, 캐나다 누나부트에서 자치권을 인정받은 소수 민족입니다. 북극이사회 내 원주민 그룹은 이누이트를 비롯해 알류트, 아타바스칸, 그위친, 러시아 북방원주민, 사미, 이렇게 6개입니다.

북극에 노아의 방주라고 불리는
시설이 있다고 하던데 사실인가요?

노아의 방주라고 하니 뭔가 비장함이 느껴지는데, 북극에 있는 노아의 방주라면 노르웨이령 스발바르 제도에 위치한 국제종자저장고를 말하는 거겠죠? 이 시설이 노아의 방주로 소문 난 것은 설립 준비 단계에서 나왔던, 종말을 대비하는 시설이라는 과장된 기사 탓입니다. 스발바르 국제종자저장고는 최악의 시나리오를 포함해 인류가 맞이할 다양한 미래에 대한 과학적 대비라고 생각합니다.

종자 보관소는 간단하게 말하면 농작물의 씨앗을 보관하는 저장고입니다. 농업에 활용되는 종자를 체계적이고 안전하게 보관하는 일은 반드시 필요합니다. 산업이 아무리 발달해도 기본적인 식재료는 농업을 통해 생산될 수밖에 없기에 종자 보존의 중요성은 아무리 강조해도 지나치

지 않습니다. 우리나라에도 "농부는 굶어 죽어도 종자는 베고 죽는다"라는 고사성어가 널리 알려질 정도로 종자 보존을 전통적으로 중요하게 여겼습니다.

그런데 종자 보존이라는 전통적 과제는 20세기 들어 새로운 차원으로 진입했습니다. 식량의 생산성 증대를 위한 품종 개량이 광범위하게 이루어지다 보니 작물의 유전적 다양성이 감소한 것입니다. 작물의 유전적 다양성이 감소하면 변화하는 환경에 대응하는 능력이 떨어집니다. 지구 온난화가 진행되는 상황에서 당장에는 유리한 형질이 미래 기후에서는 불리한 형질이 될 수 있고, 당장에는 불리한 형질이 미래에는 유용한 형질일 수 있기 때문입니다. 작물의 유전적 다양성이 보존되어야 하는 이유입니다.

종자 보관소는 세계 곳곳에 있습니다. 전 세계에 1,700여 곳 이상이 있다고 하니 지구상 국가가 200여 개임을 생각하면 나라별로 적어도 몇 곳 이상씩 있지 않을까요. 문제는 자연재해나 정치적 불안정 때문에 종자 보관소가 파괴되는 일이 종종 발생한다는 사실입니다. 실제로 1990년대 아프가니스탄과 2003년 이라크에서 일어난 전쟁 때문에 이 지역 종자 보관소가 파괴되었다고 합니다. 2004년 대지진 때 발생한 쓰나미로 인도네시아 종자 보관소가 파괴되기도 했고요. 대형 재난이 아니더라도 관리상 실수로 종자를 유실하는 일도 있습니다. 따라서 세계적으로 분산 관리되는 다양한 종자를 가장 안전한 곳에 모아 체계적으로 보관하는 것은 인류의 미래를 위해 매우 중요한 과업이 아닐 수 없습니다. 이런 문제의식에서 성립된 것이 바로 스발바르 국제종자저장고입니다. 스발바르 국제종자저장고는 전쟁, 테러, 질병 그리고 기후 위기로부터 지구의 농작물을 보호하기 위해 설립됐습니다. 2008년 2월 출범, 노르웨이가 건설비를 부담했으며 유엔 산하 세계작물다양성재단 GCDT이 관리비를 부담하고 있습니다.

왜 하필 스발바르였을까요? 1) 스발바르섬이 분쟁 지역과 거리가 먼 곳에 위치한다는 점, 2) 종자를 보관하고 관리하기에 좋은 기후와 지리라는 점, 3) 노르웨이는 이해상충의 요소가 없다는 사실이 중요하게 작용했습니다. 작물 재산권 등 선진국과 개도국이 첨예하게 대립하는 문제에서 노르웨이가 공정한 참여자로 쌓아온 긍정적 이미지가 있었기 때문입니다. 노르웨이는 환경문제에 선도적인 역할을 했을 뿐 아니라 많은 대외 원조를 해왔기에 국가 이미지도 좋았습니다. 스발바르섬은 노르웨이령이긴 하지만 1925년 발효된 스발바르조약에 의해 국제적으로 관리되는 지역이라는 점도 고려 대상이었을 것입니다.

스발바르섬도, 스발바르조약도 익숙하지 않은 분이 많을 것 같은데 이 스발바르섬은 우리와 인연이 꽤 있는 곳입니다. 스발바르섬은 국제적으로 북극 연구의 중요한 거점 중 하나이고 우리나라도 2002년 이 섬에 다산과학기지를 설치한 바 있습니다. 스발바르조약은 노르웨이가 몇 가지 국제적인 규정을 준수하는 것을 전제로 스발바르 제도에 대한 노르웨이의 자치권 행사를 인정하는 조약입니다. 스발바르조약에 따라 이 섬에서는 노르웨이 법률이 적용되지 않습니다. 이 조약에 따르면 스발바르섬은 비무장 지대이며 조약 서명국들은 군도에서 평등하게 경제활동을 할 권리를 갖습니다. 이 조약에 따라 스발바르섬에는 비자 없이도 들어갈 수 있습니다. 노르웨이령이긴 하지만 국제적으로 관리되는 섬이라고 보면 될 것 같습니다. 1920년 2월 체결되어 1925년 9월 발효한 스발바르조약에 서명한 국가는 40개국이 넘습니다. 우리나라도 2012년에 가입했습니다.

국제종자저장고에서는 종자를 어떻게 관리하고 있을까요? 국제종자저장고는 산 위에 130m 터널을 뚫고 지었습니다. 밖에서는 매우 심플한 형태의 입구만 보일 뿐입니다. 이 건물의 내부 설비는 종자를 안전하게 보관하기 위한 기능에만 집중했습니다. 예를 들어 이 건물에는 화장실이 없다고 합니다. 종자 보관 및 점검 외에 머무는 시간을 최소화해야 하기 때문입니다. 이 건물은 각종 천재지변과 기후변화는 물론 식물 전염병이나 핵전쟁 등 모든 최악의 사태가 발생한 경우에도 종자가 보존될 수 있도록 안전하게 설계됐습니다. 온도는 항상 영하 18℃로 유지되지만 만에 하나 전기가 끊어지더라도 영구 동토층에 위치하기에 영하 3.5℃의 저온 상태는 유지됩니다.

국제종자저장고의 특징 중 하나는 위탁 관리라는 점입니다. 종자의 품질 책임은 모두 보관 의뢰자에게 있다는 것이죠. 의뢰자는 종자가 오랜 기간 저온에서 저장될 것을 감안, 발아율 테스트와 밀봉 등 전처리를 완료한 후 저장을 의뢰해야 합니다. 전 세계 1,750개 종자은행에서 고유 품종의 중복 표본을 위탁받아 보관 중이라고 합니다. 현재 100만 종 이상, 5억 개가량의 종자 샘플이 보관돼 있다고 알려져 있습니다. 우리나라도 44종, 23,185개의 토종 종자를 위탁했다고 하네요. 종자의 보관 기간이 무한하지 않기에 꾸준한 점검과 교환이 필요하기도 합니다.

위탁 관리는 필요할 때 찾아갈 수 있다는 것을 의미하긴 하지만 찾아갈 상황이 발생하지 않는 게 더 좋습니다. 중동에서 2015년 국제종자저장고에 위탁했던 종자를 인출해간 적이 있다고 합니다. 시리아 내전으로 중동의 종자

스발바르 제도 산 위에 130m 깊이 터널을 뚫어 건설한 국제종자저장고
ⓒ극지연구소 이유경

보관소가 큰 피해를 입어 부득이하게 인출하지 않을 수 없었다는군요. 국제종자저장고는 미래에 대한 대비뿐 아니라 현재에도 매우 중요한 역할을 하고 있습니다.

참고삼아 말씀드리면 우리나라 국립백두대간수목원 산하에도 국제종자보관소가 있어요. 스발바르 국제종자저장고는 농작물을 보관하는 곳이지만 이곳은 야생식물 종자를 보관한다는 데 그 차이가 있습니다. 야생식물 종자를 보관하는 보관소는 백두대간수목원 국제종자보관소가 유일하다고 합니다.

노벨상이 북극 탐험에서 비롯됐다고 하던데
진짜인가요?

　　노벨상은 다이너마이트를 발명해 큰 부자가 된 알프레드 노벨이 자신의 유산으로 기금을 만들고 그 수익금으로 과학, 문학, 평화에 기여한 사람에게 상금을 수여하라는 유언에서 비롯되었다는 건 대부분 알고 있죠. 그런데 노벨은 왜 노벨상을 제정했을까요? 유언장에는 구체적 동기가 적혀 있지 않습니다. 가장 유명한 설은 노벨이 자신을 "죽음의 상인"으로 묘사한 부고 오보 기사를 보고 충격을 받아 사후에 좋은 이미지로 남기 위해 노벨상 제정을 결심했다는 것입니다. 그러나 이 설은 추측입니다. 일단 노벨 죽음 관련 오보 기사가 확인되지 않습니다.

　　노벨은 생전 노벨상에 대한 구상을 누구에게도 말하지 않았기에 유언장이 공개되자 큰 혼란이 일어납니다. 유언장을 보면 전 재산의 94%를 노벨상에 쓰라는 것이라 유산을 받을 수 없게 된 유족들은 유언장 무효화 소송을 제기했죠. 노벨의 모국인 스웨덴과 노르웨이에서는 국적에 무관하게 상을 주라는 유언장 내용에 대해 비난 여론이 높았습니다. 이런 논란을 해결하는 데 5년이 걸렸고 1901년이 되어서야 첫 수상자를 발표할 수 있었습니다.

그렇다면 노벨, 노벨상, 북극 탐험. 이 셋은 무슨 관계가 있을까요? 북극항로 개척을 위해 많은 탐험가가 목숨을 건 모험에 나섰다는 이야기는 이미 한 바 있습니다. 북극항로 개척에 나선 탐험가들이 이용한 것은 선박이었습니다. 그런데 선박은 속도도 느리고 해빙을 뚫고 항해하기가 매우 어려웠습니다. 북극항로를 찾는 건 300년간 극복하지 못한 난공불락이었습니다. 그런데 이런 질문을 던진 사람이 있었습니다. 배로 가는 게 어려우면 하늘로 가면 되잖아? 그 사람은 스웨덴의 물리학자이자 공학자였던 솔로몬 안드레였습니다. 당시는 비행기가 없던 시절입니다. 열기구나 비행선이 하늘을 날 수 있는 대표적 기계였죠. 안드레는 열기구를 이용한 비행에 관심이 많았고 1893년 열기구를 타고 세 번의 성공적인 비행을 함으로써 열기구로 북극점에 착륙하고 횡단도 가능하다는 자신감을 얻었습니다. 이 아이디어를 실현하기 위해 스웨덴 과학아카데미에서 자신의 계획을 발표했고 대중들에게도 널리 홍보하죠. 안드레의 프로젝트를 접한 노벨은 감동받아 거액의 후원을 결정합니다. 때는 1895년 유언장을 쓰기 직전이었습니다. 안드레의 모금이 지지부진하자 추가로 기부를 결정해 모금액의 거의 절반을 노벨이 감당하게 됩니다. 안드레는 노벨의 큰 후원과 스웨덴 아카데미의 도움으로 열기구를 타고 북극점을 거쳐 북극을 횡단하는 아이디어를 현실화할 수 있었습니다. 그러나 노벨은 안드레의 모험이 성공했는지 여부를 확인하지 못한 채 세상을 떠나고 맙니다.

솔로몬 안드레는 사진가였던 닐 스트린드베리, 엔지니어였던 크누트 프렌켈와 함께 1897년 여름 열기구를 배에 싣고 출발지인 스발바르섬에 도착했습니다. 열기구 이글에는 수소 가스를 가득 채웠습니다. 열기구는 이륙에 성공했지만, 이들은 곧바로 행방불명됐고 오랫동안 잊혀졌습니다. 이들의 최후는 오랜 시간이 지난 후에 밝혀집니다. 1930년 북극해에서 신원미상의 시신이 발견되었는데 검시 끝에 열기구를 타고 북극 횡단에 나섰던 안드레 팀임이 밝혀진 것이죠.

노벨상 시상식이 진행되는 스톡홀름 시청사 벽에는 노

안드레, 스트린드베리, 프렌켈의 열기구가 이륙하기 전 모습
ⓒSvenska Sällskapet

벨과 안드레 열기구 횡단팀을 나란히 부조로 새겨 기념하고 있습니다. 이걸 보면 스웨덴에서는 북극 열기구 횡단을 후원하는 과정에서 노벨상의 아이디어가 나왔다고 믿는 것 같습니다. 이 또한 추측이긴 하지만요. 노벨은 창의적인 아이디어와 도전 정신을 중시했고 그 실천을 돕고 싶어 하던 사람임에는 분명한 것 같습니다.

극지 탐험에 꼭 필요한 세 가지를 꼽는다면?

극지 탐험이 무엇일까요? 탐험과 탐사는 분명 다르겠죠? 정의상 구별은 쉽지 않은 것 같은데 실생활에서 이 두 단어의 사용은 좀 달라 보입니다. 탐험은 대체로 위험을 무릅쓴 조사 활동, 탐사는 위험보다는 정밀한 조사에 방점이 찍혀 있는 것 같습니다. 극지 탐사가 위험하지 않냐는 질문을 자주 받지만 특별히 위험하다는 의식을 갖고 있지는 않습니다. 그런 이유로 전 극지 탐험보다는 극지 탐사를 하고 있다고 생각해왔습니다. 그런데 탐사에 필요한 것은 목적에 따라 다양하고도 많기에 설명하자면 책을 한 권 써도 부족할 것 같습니다. 질문한 분께서 이런 것이 궁금한 건 아니겠죠?

'극지 탐험'은 너무 추상적이니 남극에 있는 과학기지

에 체류하면서 육상 조사를 위해 매일 밖에 나간다는 상황을 가정해봅시다. 저는 주로 해양 탐사를 해왔지만 육상 탐험을 해본 경험도 있어 남극 기지에서 통용되는 규칙과 경험을 바탕으로 정리해보겠습니다.

일단 남극에 있다면 혼자 나가면 안 됩니다. 최소 2명 이상 조를 짜서 나가야 합니다. 혹시 사고가 났을 때 혼자 있으면 속수무책인 상황이 되기 때문이죠. 그래서 최소 2명은 함께 가야 한다는 규칙이 있습니다. 이제 남극에서 특별히 필요한 것에 대해 말해보도록 할까요?

첫째, 매우 좋은 윈드재킷이 필요합니다. 세종과학기지 주변의 경우 여름은 한국 겨울보다 덜 추운 날이 많습니다. 추위는 특별한 것은 아니라고 할 수밖에요. 진짜 남극이라고 느끼게 하는 것은 뼈를 파고드는 듯한 매서운 바람입니다. 한국의 겨울에선 전혀 체험해보지 못한 다른 유형의 뼈 때림이었습니다. 두툼한 오리털 파카는 이걸 막는데는 무용지물입니다. 강력한 바람 앞에선 윈드재킷이 최고입니다. 한국에선 아무리 추위도 안에 든든하게 입고 패딩점퍼 걸치면 충분하지만, 남극에서 그런 복장으로 나갔다간 묵직한 바람이 뼛속까지 파고드는 체험을 하게 될 것입니다.

둘째, 고글이 반드시 필요합니다. 강렬한 태양빛으로부터 눈을 보호해야 하거든요. 피부를 최대한 노출하지 않아야 하기에 선글라스, 선블럭도 필수입니다. 아니, 선블럭이 필요 없을 만큼 얼굴을 칭칭 감싸야 합니다. 여기서 고글과 관련된 흥미로운 사실 하나 알려드리겠습니다. 북극에서는 고글이 수천 년 전부터 사용되었다는 사실입니다. 북극 원주민들은 북극해의 눈밭에서 사냥을 하거나 멀리 보기 위해서는 고글이 반드시 필요했던 것이죠. 유리나 플라스틱은 없었기에 고글은 뼈로 만들었고 안쪽에 숯검정을 칠해 빛의 난반사를 막았다네요. 북극권에 위치한 2,500년 전 무덤에서 뼈로 만든 고글이 출토된 적도 있다고 하니 고글의 역사는 매우 길다고 봐야 할 것 같습니다.

셋째, 통신수단이 필요합니다. 혹시라도 위급한 상황이 닥치면 교신이 필수적이기 때문이죠. 물론 현장 조사 중에도 다른 팀들과의 교신에 필요하기도 합니다. 남극에서 핸드폰은 터지지 않기 때문에 주 통신수단은 무전기입니다. 무전기 배터리는 충전된 상태로 충분하게 준비되어 있어야 합니다. 위성 전화기도 지참하긴 하지만 현장 조사 모든 인원이 들고 다니기엔 부담스럽죠. 요즘은 장비가 많이 발달해 기지에서 현장 조사 대원의 위치를 파악하는 트래

극지 탐험을 위한 필수 장비

고글

안전모

방한 장갑

무전기

설상화

커 같은 장비도 사용합니다.

이 외에 비상식량도 필수품으로 들고 싶습니다. 남극에서 혹시 조난을 당했을 때 구조대가 올 때까지 버틸 수 있는 에너지가 필요하니까요. 부피는 작지만 짧은 시간 내에 에너지를 공급해주는 초코바 같은 것을 상비하고 있어야 합니다.

남극 이야기만 하니 북극이 궁금하다고요? 필수품은 대체로 남극과 북극이 비슷할 겁니다. 그렇지만 남극에선 필요 없지만 북극에선 꼭 필요한 한 가지가 있습니다. 바로 총입니다. 갑자기 웬 총이냐고요? 남극에는 인간에게 위협적인 동물이 없습니다. 하지만 북극에는 인간에게 매우 위협적인 동물이 하나 있습니다. 바로 북극곰입니다. 현장 조사를 하다가 곰을 만나면 기본적으로 피해야 하지만 북극곰이 공격한다면 총으로 자신을 보호해야겠죠? 북극 현장 조사를 가기 위해서는 사격 훈련은 필수입니다.

남극의 구명복은 무엇이 다른가요?

구명복은 바다에 빠졌을 때 가라앉지 않고 물 위에 떠 있도록 도와주는 겉옷입니다. 구명복은 대체로 조끼처럼 상의 위에 가볍게 걸치거나 목에 걸어 앞으로 내리는 방식을 택하죠. 수영장이나 해수욕장, 여객선 객실에 비치되어 있습니다. 구명조끼는 부력으로 물에 뜨도록 돕고 호루라기와 LED등이 달려 있어 자기 위치를 알릴 수 있어요. 요즘은 위치 신호를 보내주는 장치가 달린 구명조끼도 있다네요.

그런데 사람이 바다 위에 무한정 떠 있을 수 있을까요? 어른은 수온이 23℃, 어린이는 25℃는 되어야 별 무리 없이 해수욕을 즐길 수 있습니다. 하지만 바닷물에 너무 오래 있으면 오슬오슬 한기가 느껴지고 밖으로 나와 따듯한 햇

남극 빙하를 쇄빙하며 이동하는 조디악
ⓒ극지연구소

별을 쬐고 싶어집니다. 가라앉지 않고 먹을거리가 있다 해도 물속에선 버티는 데 한계가 있습니다. 체온 유지가 힘들어 저체온증이 나타나기 때문입니다. 체온은 사람마다 조금씩 다르지만 평균 36.5℃ 정도입니다. 저체온증은 체온이 35℃ 이하로 떨어지면 나타납니다. 저체온 상태가 되면 신진대사가 떨어져 신체 기능이 떨어집니다. 바닷물 온도는 대체로 26℃ 정도니 체온 유지가 힘들거든요. 구명조끼를 착용할 때 가능한 긴팔 긴바지를 입고 그 위에 걸치라고 하죠? 물속에서 최대한 체온을 유지하기 위함입니다.

물 온도가 낮을수록 저체온증에 도달하는 시간이 짧아집니다. 남극해 수온은 10℃ 이하니 물속에서 버틸 수 있는 시간이 30분도 채 안 됩니다. 30분 안에 구조되지 않으면 사망하고 맙니다. 따라서 남극에서는 구명조끼만으로는 부족합니다. 방수복을 착용하고 그 위에 구명조끼를 입습니다. 방수복은 특수 재질로 두껍게, 얼굴 빼고 온몸을 감싸도록 만듭니다. 이렇게 한다고 해도 생존 시간이 절대적으로 짧은 건 어쩔 수 없어요. 일단 남극에서는 물에 빠지지 않도록 조심 또 조심해야 합니다.

세종과학기지로 가려면 칠레 기지에서 내려 마리안소만을 조디악을 타고 건너는데, 반드시 구명복을 입어야 합니다. 사실 구명복 착용은 매우 성가신 일이죠. 하지만 월동대원은 수시로 입고 벗습니다. 목숨은 소중하니까요.

극지를 연구하는 이유는 무엇인가요?

드디어 나왔네요, 이 질문. 가장 표준적인 답변은 미래 자원 확보와 기후 변화 예측을 위해서라는 것이 아닐까 싶네요. 하지만 너무 추상적이죠? 극지를 연구해야 하는 이유는 이보다는 더 풍부하고 다양하고 구체적입니다. 자원의 확보부터 생각해볼까요? 우선 남북극 모두 자원이 풍부합니다. 남극대륙의 경우 2억 년 전 곤드와나를 같이 구성했던 아프리카, 남아메리카, 오스트레일리아에는 지하자원이 있는데 남극대륙만 없을 리 없겠죠. 지하자원뿐이겠습니까? 남빙양에는 생물자원도 아주 많습니다. 하지만 남극의 광물자원 개발은 2048년까지는 금지되어 있기 때문에 당장은 그림의 떡입니다. 1961년 발효한 남극조약과 그 후 체결된 남극의정서 때문이죠. 그렇다고 그 후부터 개발하기로 결정한 것도 아닙니다. 그즈음 다시 논의해보자는 것이죠. 자원 개발보다 남극에 대한 이해가 먼저라는 국제적인 공감대가 있는 상황입니다. 남극 자원 개발 금지는 2048년 이후에도 유지될 가능성이 매우 높습니다. 남극에서 언제 자원 개발이 가능할지 아직 알 수 없지만 현재는 남극을 이해하기 위해 꾸준한 과학 활동을 수행해야 하는 시기입니다.

과학 활동의 목적은 무엇일까요? 바로 '지구의 이해'입니다. 지구의 이해를 위해서는 양극의 연구가 필수적인 것이죠.

북극권에도 자원이 많습니다. 시베리아나 캐나다 북부, 그린란드나 스발바르 등에는 광물자원이 아주 풍부합니다. 북극해에는 현재까지 개발된 석유의 약 15%가 매장되어 있다는 소문도 있습니다. 그런데 북극권 대부분 지역이 어느 나라의 영토이거나 영해이거나 배타적 경제수역이라는 점에서 남극과는 매우 다릅니다. 영토나 영해의 자원들은 자국의 필요와 경제성에 따라 개발할 수 있기 때문이죠. 그린란드 같은 나라는 덴마크로부터 자치권을 획득한 지 얼마 되지 않아서 경제 자립을 위한 자원 개발에 관심이 많습니다. 배타적 경제수역의 경우 약간 더 복잡하지만 그래도 몇 나라만 협의하면 개발할 수는 있습니다. 북극권의 자원 개발은 인근 국가와의 외교 및 경제 협력이 중요하다고 할 수 있습니다.

앞서 과학 활동을 강조하긴 했지만 과학 활동은 외교이기도 합니다. 국제 협력이 필수니까요. 과학 활동과 국제 협력은 보이지 않는 경제적인 효과를 내기도 합니다. 극지는 인문학적으로 중요한 곳이기도 하죠. 지구상에서 예외적인 곳이니까요. 극지는 과학은 물론 인문사회를 아우를 수 있는 지역입니다.

10여 년 전만 해도 해외에서 한국의 남극 연구 결과를 발표하면 "한국이 왜 남극 연구를 하는 거죠?"라고 질문하는 외국 학자들이 있었습니다. 한국 같은 작은 나라가 왜 남극을 연구하느냐는 뉘앙스를 품고 있었죠. 국가 위상이 높아진 지금은 이런 질문을 하는 사람은 없겠지만, 그 만큼 남극 연구는 선진국만의 리그였습니다. 대한민국의 위상이 선진국 수준으로 높아진 지금 극지 연구는 자원 선점이라는 이슈에만 머물 것이 아니라 지구 전체 문제를 복합적으로 고민하고 시대적 해결책을 찾는 무대가 되어야 한다고 생각합니다. 극지 연구에는 많은 도전 과제가 기다리고 있습니다.

극지연구소에서 과학자로 일하려면
어떤 공부를 해야 하나요?

극지 연구야말로 가장 다양한 전공을 필요로 하는 분야가 아닐까 싶습니다. 일반적으로 과학을 물리, 화학, 생물, 지구과학 이렇게 네 가지로 분류하죠. 수학은 그냥 수학이고요. 천문학은 물리학에 훨씬 가깝지만 교과과정에선 지구과학으로 분류해 가르칩니다. 극지 과학자로 일하려면 지구과학과 생물학을 전공하는 편이 좋습니다. 지구과학 내부에도 다양한 분야가 있지만 지질학, 지구물리학, 지구화학, 해양학, 대기과학 같은 분야가 아무래도 극지에서 연구할 주제가 많습니다. 극지에 서식하는 다양한 생물과 생태를 연구하는 생물학 역시 극지에서 연구 기회가 많습니다. 극지를 연구하는 분야는 아니지만 남극이 천문 관측에 아주 좋은 장소이기에 천문학을 공부해도 남극에서 연구할 기회가 생길 것 같습니다. 그리고 남북극 관련 다양한 정책적인 이슈들이 있기 때문에 사회과학 전공자들도 극지연구소에서 일할 기회가 있습니다.

덧붙여 극지연구소에서 일반인을 대상으로 북극연구체험단과 남극연구체험단 프로그램을 운영하고 있으니 쉽지 않은 기회지만 참여해보는 것도 좋을 것 같습니다.

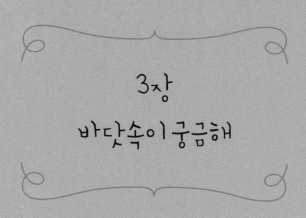

3장
바닷속이 궁금해

바다 아래 땅은 어떻게 생겼나요?

　땅이란 무엇일까요? 땅과 육지는 같을까요? '땅 짚고 헤엄치기'라는 말이 있으니 땅은 물 아래 바닥까지 포괄하는 의미로 보이네요. 강과 호수는 물론 바다 바닥을 전부 땅이라 한다면, 지표상 물을 모두 퍼냈을 때 드러나는 지구 표면을 땅이라 봐도 되겠죠. 물을 다 퍼낸 땅은 어떤 모양일까요? 육지는 솟아 있고 바다는 푹 파여 있는 모습을 상상하면 됩니다. 보통 땅의 모양을 지형이라 해요. 육지 지형은 기복이 매우 크다는 건 쉽게 알 수 있죠. 높은 산, 고지대, 계곡, 분지. 다 눈에 보이잖아요. 그렇다면 눈에 안 보이는 바다 아래 지형은 어떨까요? 거시적인 관점에서 바다는 대륙 사이에 놓인 거대한 분지입니다. 분지란 높은 지형에 둘러싸인 평평한 땅을 지칭하니까요. 짠물로 채워진 거대한 분지인 셈이죠. 바다는 지구 표면의 70%를 차지할 만큼 워낙 커서 분지로 인식되지 않을 뿐이에요. 영어권에선 해양 분지ocean basin라는 표현을 사용합니다.

해저 지형은 대륙과의 거리에 따라 세 영역으로 나뉩니다. 육지와 직접 연결되어 수심이 평균 200m 이하로 경사가 매우 완만한 영역을 대륙붕이라고 합니다. 대륙붕이 끝나는 곳부터 경사가 크고 수심이 깊어지는 영역을 대륙사면이라고 합니다. 그리고 대륙사면 끝단부터 경사가 다시 완만해지는 평평한 영역을 대양저라고 합니다. 또 대륙사면과 대양저 경계에 약간 완만히 내려가서 온갖 퇴적물이 쌓이는 곳을 대륙대라 부르는데, 대륙대는 대개 대륙사면에 속합니다. 대륙붕과 대륙사면은 해양 면적의 약 15%를 차지하며, 물에 잠겨 있다는 점만 빼면 대륙과 특성이 유사합니다. 과거 빙하기에는 대량의 물이 빙하로 이동해 해수면이 낮았기에 대륙붕은 많은 부분이 육지였답니다.

나머지 약 85%가 대양저인데, 바다 밑 땅의 특성을 나타냅니다. 수심 3,000~6,000m 사이가 대양저 전체의 76%에 달해서 심해저라고 부릅니다. 바다 평균수심은 3,800m, 심해저 평균수심은 4,800m입니다. 심해저가 지표 전체에서 차지하는 비율이 60% 정도니, 심해저를 모르면 지구를 안다고 말할 수 없겠지요?

바닷속에도 산과 산맥, 계곡이 있나요?

　네, 있습니다. 육지에서는 볼 수 없는 드넓은 평지인 대양저에 산도 있고 산맥도 있고 계곡도 있습니다. 강과 호수도 있냐고요? 강과 호수는 민물인데 짠물만 있는 바다에 강과 호수가 있을 리가요. 강과 비슷한 지형이 있긴 하지만, 설마 온통 짠물인 바다 아래 민물이 흐르는 강이 있으리라 생각하진 않겠죠? 호수 비슷한 지형도 있기는 합니다. 해저 분지라고 해서 움푹 파인 지형이 있는데, 육지였으면 호수가 될 뻔한 지형이죠. 해저 분지 하면 낯설게 느껴질 텐데 울릉도와 독도가 울릉 분지라는 해저 분지 주변 섬입니다. 울릉도와 독도 같은 섬이 물에 잠기면 해저 산이 됩니다.

　대양저에서 가장 독특한 지형을 꼽으라면 역시 거대한

해저 산맥인 중앙해령과 거대한 해저 계곡인 해구죠. 먼저 중앙해령을 살펴볼까요? 중앙해령은 해저에 있는 거대한 산맥으로 오대양 모두에 분포하고 길이가 65,000km 정도 됩니다. 감이 잘 안 올 것 같은데 지구 둘레가 40,000km 라고 하면 좀 감이 오나요? 지구를 한 바퀴 감고도 반 이상을 더 감는 길이입니다. 참고로 만리장성 길이는 얼마나 될까요? 6,352km입니다. 중앙해령은 길이는 엄청나게 긴 반면 중심축 폭은 10km 내외로 매우 좁다는 특성이 있습니다. 가늘고 긴 구조물인 셈입니다. 수심은 평균적으로 2,500m 정도이며 깊은 부분은 5,000m 정도 되고 얕은 부분은 해수면 위로 돌출해 있습니다. 대서양에 있는 아이슬란드와 아조레스섬이 바로 중앙해령의 일부분이죠.

전 대양에 분포하는 중앙해령과 달리 해구는 서태평양과 북태평양에 길게 분포합니다. 인도양에는 일부에서만 그리고 대서양에는 아주 좁은 지역에 분포합니다. 해구는 대륙에 가깝게 띠 모양으로 분포하는데, 수심이 평균 6,000m, 깊은 곳은 11,000m에 달합니다.

이처럼 대양저 평원에 산도 있고 산맥도 있고 깊은 계곡도 있습니다. 또 정상이 평탄한 산인 기요도 있죠. 그런데 이런 지형은 왜 있는 걸까요? 육지에도 있는데 이상할 게 없다고요? 과연 그럴까요? 바다라는 환경을 생각해봅시다. 바다는 거대한 분지입니다. 분지는 어떤 곳일까요? 분지는 높은 곳에서 기원한 온갖 물질이 흘러 들어가 쌓이는 장소로 대부분이 두터운 퇴적물로 덮여 있죠. 바다도 비슷합니다. 육지와 바다에서 기원한 온갖 물질이 흘러 흘러 결국 바다 아래로 가서 쌓입니다. 강물은 모두 바다로 흘러가서 엄청난 양의 퇴적물을 쏟아붓습니다. 바람에 날아가던 입자도 상당 부분 바다에 쌓입니다. 바다에는 수많은 생물이 살고 있죠. 이 생물이 죽으면 사체 대부분이 바다 아래 쌓입니다. 플랑크톤이 특히 많이 쌓입니다.

이렇게 퇴적물이 바다 아래 쌓여만 가면 결국 어떻게 될까요? 바다는 결국 퇴적물로 메워지지 않을까요? 눈이 끊임없이 내리면 모든 것이 묻히듯 말입니다. 간단하게 계산해볼까요? 바다 아래 1천 년에 1cm씩 퇴적물이 쌓인다고 합시다. 100만 년이면 10m가 됩니다. 1억 년이면 1km, 3억 년이면 3km가 쌓입니다. 현재 바다 평균수심이 3,000m니 3억 년이면 바다 대부분은 퇴적물로 메워지고 말 겁니다. 지구 나이는 46억 년입니다. 지구가 현재 모습으로 계속 있어 왔다면 바다는 몇 번이고 메워졌겠죠.

하지만 바다는 아직도 평균 3,000m 수심을 유지하고 있습니다. 깊은 곳은 11,000m에 달합니다. 대양 한복판에 가면 수심 5,000m 넘는 곳이 수두룩합니다. 그냥 그런가

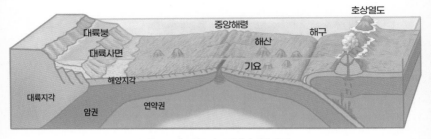

대표적인 해저 지형들과 그 아래의 역동적 구조

보다 하고 넘길 수 있지만 바다 아래 수많은 산과 산맥이 있다니 신기한 일입니다. 물질은 높은 곳에서 낮은 곳으로 이동하기에 강과 바람을 따라 이동한 것은 바다에 '최종적'으로 쌓인다고 합니다. 바다가 종착지인 셈이죠. 하지만 이 종착지는 영원하지 않습니다. 바다에 쌓인 것은 다시 돌아오기 마련이니까요.

바다는 왜 퇴적물로 메워지지 않나요?

　지구가 현재와 같은 모습으로 정지된 상태를 유지했고 지금과 같은 비율로 계속 해저로 퇴적물이 흘러가 쌓였다면 육지는 평평해지고 바다는 퇴적물로 메꾸어졌을 겁니다. 왜 그렇게 되지 않았을까요? 지구가 역동적으로 움직이고 있기 때문입니다. 지구에는 평탄하게 만들려는 작용이 있습니다. 대륙에서 일어나는 풍화와 침식이 대표적인 과정이죠. 풍화와 침식만 계속 일어나면 지구는 평평해지고 말 겁니다.

　그러나 지구에는 이런 과정만 있지 않습니다. 지구를 울퉁불퉁하게 만드는 작용 역시 일어나죠. 대표적인 것 중 하나가 바로 화산활동입니다. 화산이 분출하는 메커니즘은 여러 가지가 있지만 보통 세 가지 타입으로 분류합니다. 그중 하나가 중앙해령입니다. 지구상에서 가장 긴 구조물인 중앙해령은 화산이었던 것이죠. 좀 충격적으로 들리겠지만 중앙해령을 중심으로 생각하면 바다 전체가 거대한 화산입니다.

중앙해령 정상부에는 퇴적물이 거의 없습니다. 왜일까요? 끊임없이 화산 분출이 일어나거든요. 새로운 물질이 계속 올라오니 퇴적물이 쌓일 시간이 없는 셈이죠. 대양저 대부분이 퇴적물로 덮여 있는데 그 퇴적물 아래는 중앙해령에서 분출한 화산암 즉 해양지각입니다. 해양지각 자체가 중앙해령에서 분출한 화산암이니, 바다 대부분이 화산이라고 해도 과언이 아닙니다. 지구 나이가 46억 년이라고 했는데 가장 오래된 해양지각이 2억 년 정도 됩니다. 적어도 2억 년 주기로 해양지각이 리노베이션되는 것이죠. 이처럼 해저는 역동적으로 새로워지기에 퇴적물로 메꾸어질 수 없답니다.

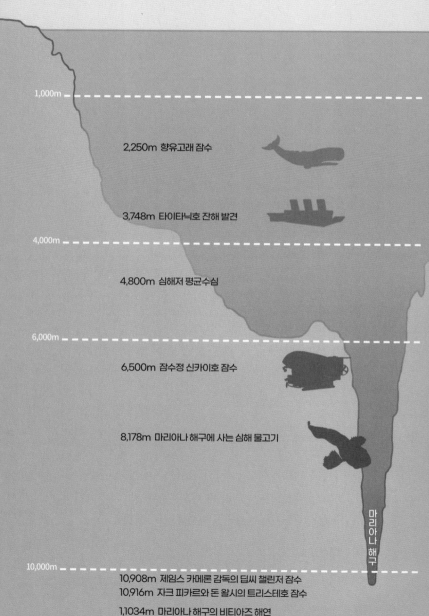

1,000m

2,250m 향유고래 잠수

3,748m 타이타닉호 잔해 발견

4,000m

4,800m 심해저 평균수심

6,000m

6,500m 잠수정 신카이호 잠수

8,178m 마리아나 해구에 사는 심해 물고기

마리아나 해구

10,000m

10,908m 제임스 카메론 감독의 딥씨 챌린저 잠수
10,916m 자크 피카르와 돈 왈시의 트리스테호 잠수
1,1034m 마리아나 해구의 비티아즈 해연

깊은 바다는 10,000m가 넘는다고요?
왜 그렇게 깊은가요?

10,000m가 넘는 바다가 바로 해구입니다. 해구는 신기할 정도로 깊습니다. 평균수심이 6,000m, 가장 깊은 곳은 11,000m가 넘으니까요. 지상에서 가장 높은 에베레스트산을 거꾸로 넣어도 2,000m 이상 남습니다. 위에서 보면 깊이에 비해 상대적으로 폭은 좁아 띠 모양인 점이 흥미롭습니다. 경사가 매우 가파른 해구가 깊은 것도 당연히 이유가 있겠죠?

중앙해령에서 끊임없이 화산활동이 일어나면서 해양지각이 형성되어 해저면을 덮고 있습니다. 그런데 해양지각이 형성되기만 한다면 바다는 계속 넓어져야 하지 않을까요? 지구 크기는 일정한데 바다만 계속 넓어지면 대륙은 모두 사라질 테니 해양지각이 소멸하는 곳이 있지 않을까요? 맞습니다, 해구가 바로 해양지각이 소멸하는 곳입니다. 한마디로 말해 지구 외곽이 내부로 빨려 들어가는 곳입니다. 지구 내부로 들어가는 중이니 수심이 깊을 수밖에 없죠.

깊어지는 메커니즘을 간단히 설명해볼까요? 중앙해령은 상대적으로 뜨겁습니다. 해양지각을 만들어내는 화산 활동이 있기 때문이죠. 그런데 중앙해령에서 멀어질수록 해양지각과 아래 맨틀은 점점 식어가면서 무거워지죠. 중앙해령에서 멀어질수록 수심이 깊어지는 이유입니다. 대양저는 해저산을 빼고 생각하면 중앙해령 수심이 제일 얕고 멀어질수록 수심이 깊어지는 패턴을 보입니다. 해양지각 아래 맨틀은 중앙해령에서 어느 정도 이상 멀어지면 아주 차갑고 두껍고 무거워져서 지구 속으로 파고 들어갑니다. 그 아래 유연한 맨틀보다 무거워진 탓이죠. 해구가 깊어진 이유입니다.

해저의 산은 육지의 산과 비슷한가요?

 해저 지형이 다 조사된 건 아니기에 지구에 해저산이 총 몇 개 있는지 모르지만, 적어도 태평양에만 20,000개가 있다고 알려져 있습니다. 해저산 대부분은 화산입니다. 육지에도 화산은 많지만 육지의 산은 좀 더 다양한 메커니즘에 의해 만들어졌죠. 무엇보다 해저산은 육지의 산과 확실하게 구별되는 특징이 있습니다. 일렬로 배열된 해저산이 많다는 사실이죠.

 일렬로 배열된 해저산은 여러 가지 특징을 공유하기에 해저산 계열 전체를 묶어 이름 붙이고 연구합니다. 재미있는 예를 하나 들자면, 하와이 북쪽에 '음악가'라는 이름을 가진 해저산 계열이 있습니다. 음악가 해저산 계열에는 수십 개 해저산이 속하는데 그 해저산 하나하나에 유명 작곡

태평양에 위치한 해저산 계열들
©NGDC

가 이름이 붙어 있죠. 멘델스존, 거슈윈, 베토벤, 모차르트, 말러, 슈베르트 이런 식으로 말입니다. 처음으로 음악가 해저산을 명명한 사람은 미국 해양지질학자 윌리엄 메너드였습니다. 그는 전후 해양지질학 발전에 큰 기여를 한 학자인데 평화를 기원하는 마음에서 음악가 이름을 해저산에 붙이지 않았을까요? 음악가 해저산 외에도 수학자 해저산 계열도 있습니다. 굉장히 낭만적이죠?

해저산 계열 중 가장 유명한 게 아마 하와이일 텐데, 엄밀히 말해 하와이는 섬이지 해저산은 아닙니다. 해저산

가운데 규모가 커서 해수면 위로 노출된 것을 섬으로 이해하면 됩니다. 사실 많은 해저산이 화산 분출 직후에는 꼭대기가 해수면 위로 올라와서 섬이었다가 차츰 침식되어 깎여 없어지기도 합니다. 이걸 기요라고 하죠. 적도에 가까운 경우 해수면 아래에 잠긴 해저산 위에 종종 산호가 자라서 산호섬을 형성합니다. 찰스 다윈이 산호섬 형성 과정을 설명하는 논문을 썼다는 건 유명합니다. 다윈의 산호섬 형성 이론은 아직도 유효합니다.

하와이는 섬만 보면 카우아이-오아후-몰로카이-라나이-마우이-하와이 이렇게 여섯 개 섬이 한 계열을 이룹니다. 하와이 계열 외에도 태평양에는 해저산 계열이 여러 개 있습니다. 앞서 말한 음악가 해저산 계열도 그중 하나죠. 이런 해저산 계열을 구성하는 해저산들은 방향성을 갖고 연령이 젊어진다는 독특한 특성이 있습니다. 예를 들어 하와이 계열의 경우 하와이가 제일 젊고 카우아이로 갈수록 나이가 많아지죠. 매우 흥미로운 현상 아닌가요? 해저산이 이런 계열을 이루는 이유는 해저가 이동하기 때문입니다. 중앙해령에서 형성된 해양지각이 해구를 향해 이동한다는 사실은 이미 말했죠. 해저산을 만드는 근원 중 대표적인 것이 지구 내부에 분포하는 열점인데, 열점은 움직이지 않으면서 계속 화산 분출을 일으킵니다. 해저면이 그 위로 이동하기에 해저산 계열이 형성되는 것이죠. 열점은 맨틀 내부에서 주변에 비해 상대적으로 온도가 높은 독특한 영역입니다. 육상에도 열점에 의해 만들어진 화산이 꽤 있습니다. 미국의 옐로스톤이 대표적이죠. 해저산 계열은 맨틀에서 유래한 것이기에 맨틀 연구에 매우 중요합니다.

앞 질문에서 화산은 크게 세 가지 타입이 있다고 했는데 열점에서 기원한 해저산도 그중 하나입니다. 중앙해령은 이미 이야기했으니 이제 한 가지 타입이 남았네요. 마지막 하나는 호상열도입니다. 호상의 호는 활을 뜻합니다. 이 화산은 활 모양으로 배열되기에 갖게 된 이름입니다. 호상열도에 속하는 섬과 해저산도 계열을 이루긴 하지만 열점 기원 화산 같이 연령이 방향성을 갖고 변하진 않습니다. 호상열도는 지구의 물리적 표층을 이루는 판이 서로 충돌해 한쪽이 다른 쪽 밑으로 들어가는 과정에서 만들어지는 화산입니다. 중앙해령이나 열점 화산과는 다른 특성을 갖고 있죠. 환태평양 조산대 즉 불의 고리에서의 화산활동이 만들어내는 해저산이 호상열도입니다.

바다와 대륙 중 어느 쪽이 먼저 생겼을까요?

　초기 지구 시기에는 지구와 달 사이 거리는 지금의 반밖에 되지 않았기에 조수간만의 차가 지금보다 훨씬 컸다고 합니다. 태양빛도 지금의 73% 수준이었다고 해요. 대기 조성도 지금과 완전히 달라서 산소는 없고 메탄, 수소, 헬륨, 암모니아 등이 많았을 거라 추정하고 있습니다. 지구 탄생 초기에는 지표 대부분이 마그마였지만 곧 표면 전체가 바다로 덮였을 것으로 추정합니다. 대륙보다 바다가 먼저 있었다는 뜻이죠.

바닷물은 왜 끊임없이 흐르나요?

　　바닷물 흐름을 해류라고 합니다. 해류는 무질서하지 않습니다. 어느 정도 규칙성을 갖고 있다는 이야기죠. 그래서 항해할 때 해류를 잘 이용하면 원하는 목적지에 좀 더 수월하게 도착합니다.

　　우리가 느끼는 표층 해류는 바람이 부는 방향과 밀접한 관련이 있습니다. 그런데 바람과 해류의 관계가 단순하지 않습니다. 해류가 바람이 흐르는 방향으로 흐르지 않기 때문이죠. 해류 흐름이 바람과 관련은 있지만 방향은 일치하지 않습니다. 이 사실을 처음 발견한 사람은 노르웨이 북극 탐험가 프리드쇼프 난센입니다. 난센은 프람호를 타고 북극해 횡단 도중 표류하다가 빙산이 떠가는 방향이 바람 방향과 오른편으로 약 20~45° 정도 일관되게 어긋나 있음을 발견했습니다. 빙하가 떠가는 방향을 해류 방향으로 볼 수 있으니 바람과 해류가 서로 일정한 각도를 이루며 흐른다는 의미인데, 신기하죠? 왜 이런 현상이 나타나는 걸까요? 난센이 연구실로 돌아와 얻은 결론은 해류가 지구 자전의 영향을 받기 때문이었습니다. 해양물리학자 에크만은 난센의 발견을 설명하기 위한 수학적 모델을 만들었죠.

해류 패턴에 영향을 주는 것은 바람뿐일까요? 물론 그렇지 않습니다. 해수의 밀도 차도 해류를 발생시킵니다. 유체는 밀도가 높은 곳에서 낮은 곳으로 흘러가게 됩니다. 그런데 해수에서 밀도 차는 왜 발생할까요? 해수의 밀도는 온도와 염분, 두 변수에 의해 결정됩니다. 염도가 높으면 밀도가 높고 온도가 높으면 밀도가 낮아지게 되죠. 예를 들어 바다 위로 비가 많이 내리면 염농도가 낮아져 주변에서 농도가 높은 물이 흘러 들어옵니다. 이러한 해수의 흐름을 밀도류라고 합니다. 해류는 바람에 의해서도 발생하지만 밀도 차에 의해서도 발생하는 것이죠. 해류는 대륙의 분포 등 지형적 요소에 의해서도 큰 영향을 받습니다. 예를 들어 해류가 흐르다 대륙이라는 벽을 만나면 벽을 타고 흘러가게 되죠. 태평양의 구로시오해류나 대서양의 멕시코만류가 대표적입니다.

사실 바람이 해류에 미치는 영향은 상당히 제한적입니다. 영향이 수심 100~200m로 한정되어 있기 때문이죠. 그렇다면 바람의 영향을 받지 않는 심층수는 흐르지 않는 걸까요? 물론 그럴 리 없습니다. 심층수의 흐름은 앞서 말한 밀도 차에 의해 주로 발생합니다. 학계에서는 이를 열-염순환이라고 부릅니다. 여기서 먼저 짚고 넘어가야 할 것이 있습니다. 심층수는 표층수에 비해 훨씬 차갑고 염분 함량이 더 높습니다. 이것은 같은 부피의 표층수에 비해 심층수가 더 무겁다는 것을 의미합니다. 위에는 상대적으로 가벼운 표층수, 아래에는 상대적으로 무거운 심층수가 있으니 바닷물은 안정적인 구조를 갖고 있는 셈이죠. 그래서 심층수와 표층수는 섞이기 쉽지 않습니다. 그렇다면 표층수와 심층수는 전혀 섞일 수 없는 걸까요?

물론 표층수와 심층수는 서로 섞입니다. 표층수가 침강하는 곳도 있고 심층수가 상승하는 곳도 있기 때문입니다. 북극해와 남극해는 표층수가 심층으로 가라앉는 대표적인 지역입니다. 양극에서 해수는 온도가 낮아지고 얼어붙게 되는데 이 과정에서 얼음에 포함되지 못한 염분 때문에 염농도가 높아져 표층에 밀도가 높은 무거운 물이 생기는 것이죠. 이 무거운 물이 바다 아래로 가라앉습니다. 내해인 지중해의 물도 무겁습니다. 지중해는 규모가 작아서 증발하는 비율이 높아 염농도가 높기 때문이죠. 따라서 지중해의 표층수는 대서양으로 흘러나오면 가라앉습니다.

심층수가 표층으로 올라오는 곳은 어디일까요? 대표적인 지역이 동태평양입니다. 이 지역에서는 강한 바람으로 인해 표층수가 제거되기 때문이죠. 동태평양에서 솟아오르는 차가운 심층수 덕분에 하와이와 캘리포니아의 건조하고 맑은 기후가 생기게 됩니다. 심층수에는 플랑크톤의 먹이가 되는 영양염이 풍부하기에 심층수가 솟아오르는 곳에는 큰 어장이 형성됩니다. 이상기후를 가져오는 것으로 알려진 엘니뇨는 바로 동태평양에서 심층수가 잘 솟구쳐 올라오지 않는 현상입니다. 표층과 심층의 거대한 해수 순환이 지구 기후를 결정하는 기본 조건임을 강조하고 싶네요.

세계의 해류

해류는 크게 표층수의 움직임과 심층수의 움직임으로 나눌 수 있습니다. 표층수는 바람과의 마찰력으로 움직이고 심층수는 온도와 염분의 차이로 인해 움직입니다.

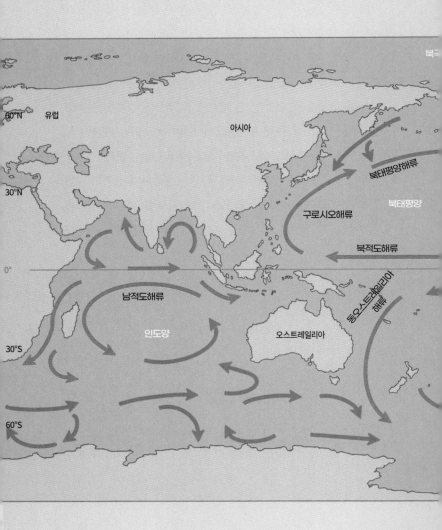

북극

60°N 유럽

아시아

30°N

북태평양해류

북태평양

구로시오해류

북적도해류

0°

남적도해류

인도양

오스트레일리아

동오스트레일리아해류

30°S

60°S

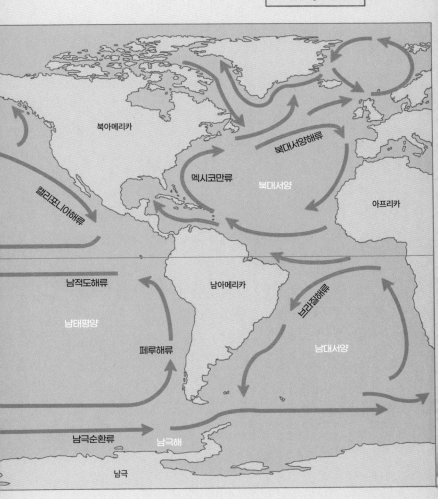
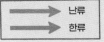

심해에도 온천이 있다는데 사실인가요?

심해, 이름만으론 뭔가 낭만적입니다. 하지만 현실은 상상하기도 도달하기도 어려운 곳임이 분명합니다. 먼저 어디부터가 심해일까요? 바다 대부분을 차지하는 저 드넓은 대양저 평원의 평균수심은 3,800m입니다. 놀랍게도 심해의 기준은 애매합니다. 200m만 넘어도 심해라고 하는 사람이 있는 반면 1,500~2,000m 이상은 되어야 심해라고 하는 사람도 있죠. 200m는 생물학자의 주장이고 1,500~2,000m는 해양학자의 주장입니다. 엄밀한 학술적인 정의는 아니니 크게 신경 쓰지 않아도 됩니다. 생물학자들이 200m를 주장하는 것은 이 층이 그래도 빛이 유의미하게 투과하는 깊이이고 생물이 많이 살기 때문입니다. 한반도 주변 바다의 수심을 보면 감을 잡을 수 있을 것 같네요. 동해의 수심은 3,000m 정도, 서해는 200m 정도인데 생물학적 관점에선 동해와 서해 모두 심해라고 볼 수 있겠지만, 해양학적 관점에선 동해만 심해인 셈입니다. 서해를 심해라고 하기엔 좀 부족하지 않을까요?

해양학자들은 수온 변화와 깊이에 따라 해양을 표층, 중층, 심층으로 나눕니다. 해수를 이렇게 구조적으로 파악하는 것은 바다가 어떻게 움직이는지를 이해하는 데 도움이 되기 때문입니다. 표층은 빛도 어느 정도 통과하고 바람으로 잘 섞여 깊이에 따른 수온 변화가 별로 없는 층이고, 중층은 수온약층이라고도 하는데 바람과 빛의 영향이 거의 사라짐에 따라 깊어질수록 수온이 떨어지는 구간입니다. 수온약층이 끝나면 해저면에 닿을 때까지 온도가 일정해지는데 이 구간을 심층이라고 합니다.

심해는 심층수가 흐르는 곳입니다. 대양의 심층수는 극지방에서 기원한 차가운 물입니다. 심층수 온도는 지역별로 차이가 있지만 5℃ 정도로 매우 차갑습니다. 극지에서 유래한 차가운 물이 흐르는 칠흑같이 어두운 심해저, 상상이 가시나요? 이 심해저 대부분은 두꺼운 퇴적물로 덮여 있습니다. 마치 아무 일도 일어나지 않을 듯한 분위기입니다.

그런데 이러한 깊은 바다 밑에 뜨거운 온천이 솟아오

르는 곳이 있습니다. 바로 중앙해령 등 지판의 경계부입니다. 중앙해령은 판이 양쪽으로 벌어지면서 상승한 맨틀이 부분적으로 녹아 만들어진 마그마가 상승하여 해양지각을 만드는 곳입니다. 심해저의 대부분은 퇴적물로 덮여 있지만 중앙해령의 중심축은 신선한 현무암이 노출되어 있습니다. 새롭게 해양지각이 생성되기 때문입니다. 해저 온천의 대표적인 사례가 중앙해령 주변의 갈라진 틈을 통해 침투한 해수가 마그마에서 열을 공급받고 끓어올라 해저에서 분출하는 것입니다. 지구과학계에선 온천보다는 열수라는 용어를 더 널리 사용하고 있죠. 해저 열수는 중앙해령에서 분출하는 것이 제일 많지만 섭입대 부근 여러 화산활동과 관련되어 분출되기도 합니다.

심해저 온천,
그러니까 열수를 왜 찾으려고 하는 거죠?

　심해저 열수가 처음 발견된 것은 1977년인데, 미국 과학자들이 유인 잠수정 앨빈에 승선해 동태평양 갈라파고스 중앙해령을 탐사하다가 찾아냈습니다. 인류가 잠수정을 이용해 중앙해령을 직접 탐사한 것은 1974년이었습니다. 당시 미국과 프랑스는 공동으로 대서양 중앙해령 탐사와 연구를 진행했고 앨빈 등 잠수정을 이용해 해저 산맥에 대한 직접적 관찰을 수행했습니다. 그로부터 3년 후 갈라파고스 해령에서 열수 분출구가 처음 발견됐으니 열수 발견의 역사는 아직 채 50년이 되지 않았군요.

　왜 심해저에서 열수 분출구를 찾기 위해 애쓸까요? 사실 드넓은 대양저에서 심해 열수 분출구는 무시해도 좋을 만큼 미미한 존재인 것 같아 보입니다. 그럼에도 불구하고 심해저 열수는 해양에서 매우 중요한 작용을 합니다. 앞 질문에서 해양으로의 물질 이동을 이야기했습니다. 강을 통한 이동, 바람을 통한 이동 그리고 생물의 활동이 바다 상태를 규정하는 매우 중요한 작용이죠. 현재 해수와 퇴적물의 조성은 이러한 여러 공급원의 기여를 통해 형성됐습니다.

그런데 강물, 바람, 생물을 통한 흐름만으로 해수나 퇴적물의 조성이 설명될까요? 그렇지 않습니다. 지구 내부에서 뿜어져 나오는 또 다른 공급원, 열수를 반드시 고려해야 합니다. 열수 활동은 전체 바다 규모에 비해 미미한 것 같지만 해수와 퇴적물의 조성에 꽤 많은 영향을 줍니다. 무엇보다 열수 분출구는 심해저 열수 생태계의 에너지 공급원입니다. 그리고 유용광물이 침전하기에 잠재적으로 중요한 자원이기도 합니다. 육상의 광상도 과거 열수 작용에 의해 형성된 것이 많죠.

열수 분출구는 어떻게 찾나요?

열수 분출구를 발견하기 위해서는 일단 열수 분출 가능성이 높은 곳을 선별해야 합니다. 그중 대표적인 곳이 바로 중앙해령입니다. 중앙해령의 모든 곳에서 열수가 분출하면 좋겠지만 중앙해령에서도 열수가 분출하는 곳은 극히 일부분입니다. 그래도 드넓은 심해저에서 중앙해령으로만 폭을 좁혀도 범위가 꽤 많이 좁혀진 셈입니다. 그리고 섭입대 부근에는 중앙해령과 비슷한 특성을 가진 배호분지라는 곳도 있습니다. 섭입하는 지판 위에 놓인 지판에 위치하는데 여기서도 중앙해령 같이 해저면이 갈라지면서 해양지각이 형성되고 있습니다. 섭입 지판 위 지판에는 호상열도라는 화산활동도 있습니다. 배호분지는 호상열도 뒤에 있기 때문에 붙은 이름입니다. 해저 화산활동이 있는 지역에서는 열수 활동 역시 일어날 확률이 높기에 일단 이런 곳을 선별하는 것이 일차적이죠.

열수 분출 가능성이 높은 지역을 선정했다면 우선 지형 조사 등 기본적인 조사를 실시합니다. 지형 조사는 열수 분출구 탐사뿐 아니라 해양 지질 탐사의 기본이기도 합니다. 지형에 대한 정보가 없으면 열수를 찾을 수가 없습니다. 예를 들어 중앙해령이라고 해서 중심축 모든 곳에서 열수 분출을 하는 것은 아니기에 이전에 열수 분출구가 발견됐던 사례와 유사한 지형을 찾을 필요가 있습니다. 다음 단계부터는 좀 더 전문적인 기술이 필요합니다. 중앙해령은 수심이 2,500m로 엄청나게 깊습니다. 현재 육상에서 가장 높은 빌딩인 두바이 부르즈할리파 높이가 828m인데 이 빌딩의 3배 가까운 깊이니까요. 그리고 사이에는 두꺼운 해수가 위치합니다. 열수 발견을 위해서는 이런 장벽을 극복해야 하는 것이죠.

우선 열수 분출의 간접적인 증거를 찾아야 합니다. 열수는 일단 뜨거운 물입니다. 온도가 주변 해수에 비해 높죠. 보통 심층수의 온도가 5℃ 정도인데 열수 온도는 400℃ 정도 됩니다. 급격한 차이죠. 그런데 문제는 주변 해수가 매우 차갑고 양적으로도 압도적이기 때문에 온도 효과는 짧은 거리에서 급격히 사라지고 만다는 점입니다. 온도 효과가 미치는 범위는 그렇게 넓지 않기에 큰 도움이 되지 않는 것이죠.

현재 가장 효율적인 방법은 열수 분출구에서 뿜어져 나오는 물질을 추적하는 것입니다. 황화합물이 대표적이죠. 열수 분출구 주변은 열수에서 뿜어져 나온 황화물 등 입자 때문에 주변 해수에 비해 상대적으로 혼탁합니다. 열수 분출구에서 뿜어 나오는 물질은 상대적으로 멀리 퍼져 반경 수 km까지 영향을 미칠 수 있습니다. 이 정도면 추적해볼 만한 크기입니다.

그래서 열수 발견을 위해 제일 먼저 하는 일은 해수의 탁도를 재는 것입니다. 물론 온도도 중요하니 온도와 탁도를 동시에 측정합니다. 해양학에서 수층 특성을 파악하기 위해 가장 널리 사용하는 CTD(Conductivity Temperature Depth: 깊이에 따른 해수의 전도도와 온도를 측정하는 장치. 깊이에 따른 해수 채집에도 활용한다)를 이용하기도 하지만 열수 탐사를 위해서는 일차적으로 MAPR(Miniature Autonomous Plume Recorder)이라는 장비를 사용합니다. 미국해양대기청NOAA에서 열수 탐사를 목적으로 개발한 장비죠. MAPR은 빠르고 간편하게 사용할 수 있기에 MAPR로 먼저 광범위하게 탁도와 분포를 파악합니다. 탁도도 높고 온도도 높으면 열수 분출구가 있을 가능성이

열수 탐사를 위해 MAPR(왼쪽)과 록 코어(오른쪽)를 바닷속으로 투하하는 모습
ⓒ극지연구소 박상범(왼쪽) 박숭현(오른쪽)

높아지죠. 탁도와 온도가 모두 높은 곳을 찾으면 여기에 CTD를 내려 해수를 채취해 열수 성분이 있는지 분석합니다. 주변 해수에 비해 철이나 망간 등 금속 성분이 높으면 열수가 있다고 봐도 무방합니다. 그다음 단계는 열수 후보지에 무인 잠수정을 넣어 영상과 시료를 획득하는 것이죠.

저도 남극 중앙해령에서 열수 탐사를 수행해 무진 열수 분출구를 발견했습니다. MAPR과 CTD를 순차적으로 사용했죠. 이제 무인 잠수정 단계가 남아 있군요. 2025년에는 무인 잠수정 탐사를 실시하려고 준비하고 있습니다.

바다에서 발견된 신종 생명체는
누가 어떻게 명명하나요?

바다는 아직 미지의 세계입니다. 바다의 60% 이상을 차지하는 심해는 더더욱 모릅니다. 심해를 잘 모르니 그 속에서 살아가는 생물을 모르는 것은 당연하겠지요. 우리는 바다의 혜택을 많이 받지만 놀랄 만큼 아직 바다와 그 아래에 사는 생물을 잘 모릅니다. 그러니 심해를 연구하면 신종 생물을 발견할 가능성이 높겠죠? 신종 생물을 발견하면 그 명명은 누가 할까요? 기본적으로 신종 명명은 처음 찾아낸 사람 또는 밝혀낸 사람이 하는 경우가 대부분입니다. 심해라는 특수한 환경에서 적응하고 진화한 생물은 특수한 형질을 가진 경우가 많기에 그 형질을 발현시킨 유전자를 연구하면 실생활에서 유용한 물질을 추출할 수 있다고 합니다.

심해저 생물은 무엇을 먹고 사나요?

중요한 질문입니다. 결국 생물은 먹어야 살 수 있으니까요. 심해는 먹을거리가 아주 부족한 환경입니다. 빛이 전혀 들어오지 않고, 수온도 매우 낮습니다. 그런데 매우 특수한 곳이 있습니다. 바로 열수 분출구 주변입니다. 열수 분출구에서는 황화합물 등 지구 내부에서 기원한 물질들이 쏟아져 나옵니다. 이런 물질들을 이용할 수 있는 생명체가 있다면 그 생명체에게 열수 분출구는 척박한 환경이 아닌 사막의 오아시스 같은 곳일 겁니다.

그런 생명체가 있습니다. 고세균이라고, 뜨거운 온도도 거뜬히 견뎌내고 황화합물을 분해해 에너지를 얻는 미생물이 바로 그들입니다. 세균은 고온에 약한데 고세균은 고온에 강한 특징을 갖고 있죠. 이 고세균이 광합성을 하는 육상식물이나 플랑크톤과 비슷한 역할을 합니다. 황화합물을 분해해서 살아가는 고세균을 먹는 생물이 있고, 이 생물을 먹는 생물이 있고, 이런 식으로 열수 생태계가 형성됩니다. 열수 생태계는 태양에너지에 기반한 지표 생태계와 대비되는 새로운 생태계입니다. 20세기 새로운 발견 중 하나죠. 열수 생태계를 연구하면 원시 지구에서 초기 생명체가 어떻게 탄생했는지, 지구 외 행성에서 어떻게 생명체가 생존하는지에 대한 실마리를 얻을 가능성도 있습니다. 이와 같은 이론적 연구는 물론 극한 생명체에서 유용 물질 추출 등 실용적 연구도 가능합니다.

심해 생물은 열수 분출구 주변에서만 서식하나요?

물론 아닙니다. 옛날 바다를 잘 모를 때는 심해에는 생물은 거의 없고 퇴적물로만 덮여 있으리라고 생각했습니다. 그 이유는 깊은 바다 아래는 햇빛이 전혀 들지 않을 테고 먹이도 없을 테니 생물이 살기 어려운 환경일 게 뻔하다고 생각했기 때문이죠. 이 가설은 19세기 말에 깨졌습니다. 첫 대양 탐사였던 챌린저호 탐사 동안 심해 바닥을 드렛지로 긁어 보니 의외로 많은 생물이 올라왔던 것이죠. 열수 분출이 없는 심해저에도 생각보다 많은 생물이 살아간다고 알려져 있습니다.

심해 생물은 빈약한 먹이, 햇빛이 전혀 없는 칠흑 같은 어둠, 차가운 해수, 높은 압력이라는 최악 조건에서 살아가야 하기에 우리가 흔히 접하는 생물과 크게 다릅니

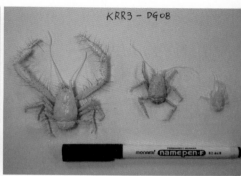

남극 중앙해령 무진 열수 분출구 지대에서 발견한 신종 생명체인
일곱 다리 불가사리(왼쪽)와 키와속 게(오른쪽)
ⓒ극지연구소 박숭현

다. 제가 심해 생물 전문가도 아니고 심해 생물 연구도 많지 않기에 자세히 설명하기는 어렵지만 대체로 심해 생물은 적게 먹고도 살아갈 수 있도록 신진대사율은 낮고 남는 에너지는 지방으로 잘 축적할 수 있다고 합니다. 거대한 고래라도 한 마리 죽어 바다 깊이 떨어지면 그들에게는 에너지를 비축할 좋은 기회가 되는 것이겠죠. 예전에 심해에 떨어진 고래 사체가 얼마나 오랫동안 유지되는지 카메라를 설치해 촬영한 적이 있다는데 순식간에 사라졌다고 하더군요.

지구 최초 생명은 바다에서 탄생했나요?

　지구에서 생명이 언제, 어떻게, 왜 탄생했을까요? 원래 매우 종교적인 질문이었지만 이제 과학의 영역에서도 이 문제에 도전하고 있습니다. 과학이 종교와 다른 점이 있다면 다양한 가설을 수용하고 그 답을 열어 두고 있다는 데 있습니다. 과학적 관점에서 생물이란 무엇일까요? 물질과는 어떻게 다를까요? 과학에선 주변에서 물질과 에너지를 섭취하고 성장, 번식을 하고 진화를 한다는 점을 생물의 중요한 특성으로 꼽고 있습니다. 물론 이런 작용만으로 생물의 특성이 다 설명되진 않을 것입니다. 과학이 이 문제를 다룰 때 종교와 차이가 있다면 모르는 것을 인정한다는 점이겠죠. 과학적 차원에서 생물이란 무엇인가? 라는 물음을 계속 던져야 하고 새로운 답도 계속 추구해야 할 것입니다.

지구에는 현재 참으로 다양한 생물이 살고 있습니다. 아직까지 가장 단순한 생명체도 지구 밖에서는 발견된 적이 없습니다. 지구에는 언제부터 생명이 있었을까요? 인류에게 역사가 있듯이 지구에게도 역사가 있습니다. 지구의 환경이 한결같이 계속 똑같지 않았다는 의미입니다. 인류도 시대 구분을 하듯 지구도 시대 구분을 하는데 환경과 생물군을 공유하는 지구의 각 시기를 지질시대라고 합니다. 지질학 연구 초기에는 생물이 급작스럽게 번성하기 시작했던 5억 4천만 년을 기준으로 시대를 구분했었죠. 현재 거시적 관점에서 생물이 급작스럽게 번성하기 시작한 5억 6천만 년 이후의 시대를 현생누대, 그 이전 현생누대에 비해 생물 활동이 훨씬 적은 시대를 은생누대, 지구가 탄생해 생명이 발생하기까지의 시대를 명왕누대라고 하고 있습니다.

현생누대의 '현顯'은 좀 어려운 표현인데 '뚜렷하다'는 뜻입니다. 다시 말해 '현생'은 생물 활동이 매우 활발하다는 뜻입니다. 아마 많이 들어봤을 고생대, 중생대, 신생대가 바로 현생누대에 속하는 지질시대죠. 현생누대는 생물이 번성한 시기지만 5번의 대멸종이 있었고 많은 생물이 명멸했습니다. 그런데 지구의 나이는 46억 년입니다. 현생누대는 46억 년 중 10%를 약간 넘을 정도입니다. 지구 역사 대부분은 은생누대인 셈이죠. 생물이 번성한 시기는 지구 역사에서 최근일 뿐입니다.

은생누대에서 '은隱'은 은폐의 은과 같은 한자인데 '숨어 있다'란 의미입니다. 은생이 숨어 있다는 의미니 은생누대는 생물 활동이 상대적으로 활발하지 않은 시기인 것이죠. 고생대의 첫 번째 시기가 캄브리아기라 지질학 초기에는 그 이전 시대를 모두 선캄브리아기라고 불렀습니다. 현재 사용하는 은생누대, 명왕누대 모두 선캄브리아기였던 것입니다. 이 시기에 생물이 별로 없었다고 생각한 이유는 화석이 거의 발견되지 않았었기 때문이죠.

하지만 연구가 진행되면서 현생누대 이전에도 생물 활동이 제법 있었음이 확인되었고 은생누대, 명왕누대로 좀 더 세분화된 시기 구분을 하게 된 것입니다. 은생누대도 원생대와 시생대로 좀 더 세분하고 있습니다. 시생대는 생물이 발생한 시대, 원생대는 현생 생물의 원형에 해당하는 생물들이 생존하고 진화해간 시기라고 보면 될 것 같습니다.

생물의 탄생을 논하려면 우리는 명왕누대의 환경에 대한 이해가 필요합니다. 명왕은 지옥의 신 하데스의 한자식 이름이니 지옥같이 불이 활활 타는 그런 시기란 의미겠죠? 이 시기는 지구의 온도도 매우 높고 아직 안정되지 않아 생물은 거의 살 수 없는 시기란 의미입니다. 명왕누대와 은생누대의 경계가 바로 생명이 발생한 시기라고 보면 되겠습니다. 다시 말해 최초의 생명이 발생하는 순간이 바로 은생누대의 첫 시기인 시생대의 시작이라고 보면 되겠네요.

생명의 탄생 시점을 언제쯤으로 보고 있을까요? 아직 명확한 답은 없지만 40억 년 내외로 추정하고 있습니다. 현대 과학에서는 최소한 현재 명왕누대로 분류된 시대 말기부터는 원시적인 생명이 존재했을 것으로 추정합니다. 최초의 생명체가 탄생한 순간부터 시생대로 분류하기에 이 시기가 좀 더 명확하게 밝혀지면 명왕누대와 시생대의 경계도 결정되겠죠. 이 최초의 생명체가 구체적으로 무엇이었냐는 매우 논란이 많은 질문이지만 대체로 미생물일 것이라는 데에는 대부분의 과학자가 동의할 것 같습니다.

저는 명왕누대라는 딱딱한 말보다는 초기 지구라는 말을 더 선호합니다. 앞에서 설명했듯 초기 지구 시기에 대륙보다 바다가 먼저 생기고, 이후 대륙이 생기면서 점차 대륙과 바다가 있는 현재 상태와 비슷한 모습으로 변해갑니다. 대체로 육지와 바다 구분이 생기고 해변이 형성된 시기와 최초의 생명체가 탄생한 시기가 비슷할 걸로 추측합니다. 생명이 연근해에서 탄생했나 심해에서 탄생했나 하는 논쟁이 발생할 수 있는 것이죠. 하지만 당시는 엄청난 양의 운석이 지구에 충돌하고 있었던 것으로 추정되고 따라서 지표에 가까운 영역보다는 확률상 심해가 생명 탄생에 나은 조건이라고 추측해볼 수는 있습니다. 초기 지구의 심해에는 화산활동이 활발하고 뜨거운 열수가 분출되고 있었을 것입니다. 이런 환경에서 최초의 생명이 탄생하지 않았을까 하는 것은 설득력 있는 가설입니다.

그런데 지구 초기 심해와 유사한 환경이 현재에도 있습니다. 바로 심해저 열수 분출구죠. 상상만 하던 지구 초기 환경 중 일부가 현재에도 존재하는데 과학자들이 흥분하지 않을 수 있을까요? 열수 분출구 연구를 통해 지구 초기 환경과 그 환경에서 살던 생물에 대한 이해를 심화시킬 수 있다고 생각합니다.

해양 탐사는 언제부터 시작했나요?

 해양을 이야기할 때 15세기에 시작된 대항해 시대를 빼놓을 수 없겠지요. 하지만 바다에 대한 과학적 인식의 시작은 19세기 후반부터라고 보면 될 것 같네요. 대항해 시대 이후 항해를 위한 실용적 목적 때문에 해류나 바람 등에 대한 경험적 이해는 축적되어 갔습니다. 하지만 첫 과학적 탐사로는 1872년 영국 왕실 후원으로 진행된 챌린저호 탐사를 꼽아야 할 것입니다. 챌린저호는 2,300톤급 목선이었는데 과학자는 물론 미술가도 이 배에 승선하고 있었죠. 4년여의 긴 시간 동안 대서양, 태평양, 남극해, 인도양을 일주한 챌린저호의 해양 탐사는 해저 지형, 해양 생물, 해류 및 해수 특성에 대한 방대한 관찰 결과를 남겼습니다. 챌린저호의 탐사가 바다에 대한 과학적 이해의 모태가 되었음은 물론입니다.

그러나 해양 탐사가 본격적으로 이루어진 것은 양차대전 이후라고 봐야 할 것 같네요. 세계대전을 치르면서 잠수함 작전과 해상전이 많이 진행되었고 이를 위해 해저 지형, 해수의 물리적 특성, 해류 등에 대한 정확한 이해가 필요했습니다. 아무튼 챌린저호 탐사를 해양 과학의 기점으로 잡는다면 그 역사는 150년 남짓하다고 볼 수 있어요. 인류는 바다로 나감으로써 바다에 대한 이해뿐 아니라 지구 전체를 이해할 실마리를 찾아냈습니다. 사장될 뻔했던 알프레드 베게너의 대륙이동설은 해저 산맥 관찰 후 수립된 해저확장설로 과학적 근거를 얻었고, 지구를 전체적으로 설명하는 종합 이론인 판구조론으로 발전할 수 있었습니다.

옛날에 망망대해에서 어떻게 길을 찾았을까요?

대양에서 자신들이 타고 있는 배의 위치를 파악하는 것은 사람의 목숨과 막대한 재산이 걸린 절실한 문제였습니다. 주변 지형지물이 없는 망망대해에서는 위도와 경도 값으로 위치를 표시하는 것이 가장 정확합니다. 위도는 적도에 평행한 동심원이고 경도는 남북극을 다른 각도로 지나는 큰 원입니다. 지구에서의 모든 위치는 위도와 경도가 만나는 점으로 표시할 수 있습니다. 위도는 적도에 평행하기에 태양의 남중고도나 별의 관측을 통해 어렵지 않게 추론할 수 있습니다.

하지만 경도는 알기 어려웠습니다. 어림짐작할 수밖에 없었죠. 경도를 몰라서 대형 선박 사고가 잦았습니다. 경도 문제 해결이 대양 무역의 위험 요소를 줄이는 데 절실한 문제였습니다. 그래서 각국에서는 많은 상금을 걸고 이 문제를 해결할 묘수를 찾고자 노력했습니다. 특히 당시 해상 무역을 주도하던 영국 의회가 내걸었던 상금이 가장 컸습니다. 갈릴레오 갈릴레이도 경도 문제에 도전했고, 아이작 뉴턴도 이 문제를 고민했으나 이 위대한 과학자들도 끝내 해결하지 못했습니다. 이들이 실패한 이유는 경도 문제를 이론적으로 해결하려고 했기 때문입니다. 그러기엔 너무나 복잡한 문제였죠.

사실 답은 단순했습니다. 바로 두 지점 간 시간차를 알면 경도 차이를 알 수 있기 때문입니다. 예를 들어 서울 시간과 런던 시간을 알면 두 도시의 시간차를 통해 경도차를 계산할 수 있습니다. 선박이 위치한 곳의 시간은 태양을 보면 알기에 비교할 기준점의 시간만 알면 경도를 계산할 수 있는 것이죠. 기준점의 시간은 출항 전 항구에서 시간을 맞춘 시계를 배에 실으면 알 수 있습니다. 결국 이 방법은 어떻게 하면 오랜 항해에 견딜 정확한 시계를 만드느냐는 기술적 문제로 귀착됐습니다. 그러나 당시 기술 수준으로는 거의 불가능해 보이는 목표였죠. 이 시계는 배의 진동에도, 날씨에도, 온도와 습도 변화에도 거의 영향을 받지 않아야 했으니까요.

그러나 난공불락으로 보였던 온갖 기술적 난관을 극복

하고 항해에 사용할 정확한 해상시계를 만들어내는 데 성공한 사람이 있습니다. 바로 영국 시계 기술자 존 해리슨이었습니다. 그는 해상 환경에서도 시간이 정확한 시계 제작에 성공했습니다. 그 공적으로 해리슨은 말년인 1776년 영국 의회가 걸었던 막대한 상금을 받아낼 수 있었습니다. 역사상 가장 위대한 과학자들이 해결하지 못한 문제를 무학의 기술자가 해결해낸 셈이죠. 존 해리슨이 만든 시계는 81일간의 시험 항해 동안 단 5초의 오차만이 발생했다고 하니 놀라울 수밖에요. 해리슨이 정확한 해상시계를 만들고 그 공로로 상금을 받기까지는 매우 흥미로운 스토리가 있습니다. 좋은 책들이 출판되어 있으니 참고하시길.

한국 최초 해양 조사선은 무엇인가요?

한국 최초의 본격적인 해양 탐사선은 해양과학기술원 (당시 해양연구소)의 온누리호입니다. 1992년에 취항했으니 제 개인적으로는 좀 늦었다고 생각합니다. 세종과학기지가 1988년에 준공되었는데 더 쉬워 보이는 해양 조사선이 1992년이었으니 말입니다. 당시만 해도 대한민국은 개발도상국이라 IBRD 차관을 받을 수 있었고 온누리호는 이 재원으로 건조되었습니다. 배를 만든 곳은 노르웨이였죠.

저는 온누리호를 1996년 여름에 처음 타봤습니다. 동태평양 망간단괴 탐사에 참여했던 것이죠. 제 인생 탐사였다고 생각합니다. 해양 탐사의 매력을 처음 느꼈고 해양과학을 해야겠다는 동기가 되었으니까요. 그 후 거의 매년 온누리호에 승선해 동태평양과 서태평양 탐사를 했습니다. 온누리호는 1,500톤급 작은 배지만 온갖 일을 할 수 있는 만능 조사선입니다. 2003년 이후 온누리호를 더 이상 타지 않지만 지금도 사랑합니다. 온누리호도 취항한 지 30년이 넘었네요.

온누리호가 너무 작고 오래돼 새로운 해양 조사선의 필요성이 대두되었고 그 결과 건조된 배가 이사부호입니다. 이사부호 취항이 2016년이었으니 온누리호가 나온 뒤 자그마치 24년이 지난 후였습니다. 이 배도 해양과학기술원에서 운영하고 있죠. 온누리호보다 훨씬 큰 6,000톤급입니다. 이사부호는 한국에서 건조되었습니다. 아쉽게도 저는 이사부호는 승선해보지 못했습니다. 2011년 이후 극지연구소의 아라온호로 탐사하는 것이 제 주요 임무라서요. 기회가 되면 언젠가 이사부호도 승선해보고 싶네요.

해양 탐사를 하는 이유는 무엇인가요?

우주에서 바라보는 지구의 빛깔은 푸른색입니다. 지구에서 61억km 떨어진 거리에서 바라본 지구도 창백하긴 하지만 여전히 푸른색입니다. 칼 세이건이 보이저호가 해왕성을 지나며 마지막으로 촬영해 보낸 이 '창백한 푸른 점'에 대해 깊이 있는 통찰을 남긴 것은 유명합니다. 그런데지구가 왜 푸른빛을 띠는지 그 이유에 대해 생각해본 적있나요? 푸른빛을 녹색과 혼동해 나무 때문이라고 생각하는 사람도 있는데, 지구의 푸른빛은 바다 때문입니다. 지구표면의 70%가 바다로 덮여 있죠. 우주에서 봤을 때 지구의 빛깔은 바로 바다의 빛깔입니다. 표면만 본다면 지구는'地球'가 아닌 水球수구라고 해야 맞습니다. 바다는 지구의빛깔을 대표하는 것 이상으로 지구 환경에서 중요한 역할을 합니다.

지구 전체 열대우림의 절반을 차지하는 아마존 지역을 지구의 허파라고 합니다. 제 생각에 지구의 진짜 허파는 바로 바다입니다. 아마존 열대우림에서 만들어지는 산소량은 전체의 20% 정도이고, 바다를 떠다니는 식물성 플랑크톤이 생산하는 산소량은 70%에 달하거든요. 바다는 대기와 가장 넓게 접하고 다양한 기체를 녹이거나 다시 방출하는 능력이 있습니다. 따라서 바다는 대기 중 기체 농도 조절에 가장 중요한 기능을 합니다.

물은 비열이 아주 높습니다. 1도를 높이는 데 다른 물질에 비해 상대적으로 아주 많은 에너지가 필요하다는 뜻입니다. 그래서 바닷물 온도는 잘 변하지 않습니다. 지구 온도가 일정한 범위를 유지하는 데 바다의 기여는 결정적입니다. 바다는 지표 대부분 영역을 흐르면서 위도에 따라 불균등하게 공급되는 태양에너지를 골고루 퍼지게 합니다. 지구가 생명의 행성인 것은 바로 바다가 있기 때문입니다. 바다 없는 금성과 화성이 어떤 상태인지 상상해보면 이해할 수 있겠죠. 지구의 환경을 결정하는 중요한 요인은 지구의 판구조에 있습니다. 판구조에서 중요한 작용을 하는 판 경계는 대부분 해양에 있습니다. 해양 탐사가 아니었다면 판구조론은 발견될 수 없었을 것입니다.

인류가 바다의 중요성을 인식한 역사는 그렇게 길지 않습니다. 대항해 시대를 열었던 콜럼버스는 지구에서 육지가 차지하는 면적이 바다보다 훨씬 크다고 생각했죠. 역설적이지만 콜럼버스는 바다를 과소평가했기에 모험에 나설 용기가 생긴 게 아닐까요? 그 동기가 무엇이었든 콜럼버스가 열어젖힌 대양 항해는 바다를 전 인류의 교류가 일어나는 마당으로 전환시켰습니다. 이 과정에서 수많은 비극이 있었지만 해상 무역은 분명 인류의 생산력이 비약적으로 발전하도록 한 중요한 조건 중 하나였습니다. 20세기, 항공기의 탄생으로 하늘길이 열렸지만 해상 무역이 차지하는 비중은 99%로 압도적입니다. 바다는 생명의 조건일 뿐 아니라 경제의 조건이기도 한 것이죠. 바다의 망각은 전체의 망각이기도 합니다. 이토록 중요한 바다, 꾸준히 탐사하고 연구해야 하지 않을까요?

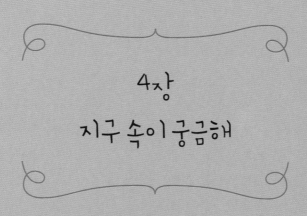

4장
지구 속이 궁금해

지구 내부가 텅 비어 있다는데 사실인가요?

어렸을 때 재미있게 읽은 『철인 캉타우』라는 만화책이 생각나네요. 그 만화에 지구 내부가 비어 있고 북극에 지구 내부로 가는 통로가 있다는 이야기가 나왔거든요. 오래전이라 전체 흐름과 캐릭터 외에는 잘 기억나지 않지만 지금 생각해보면 지구와 인류에 대한 진지한 고민을 담은 훌륭한 작품이었지 싶네요. 그런데 문학적으론 지구 내부가 비어 있다는 상상은 얼마든지 할 수 있겠지만, 진짜 지구 내부가 텅 비어 있지 않냐고요? 당연히 아닙니다.

자연은 모두 연결되기에 직접 들여다보지는 못해도 질량, 부피, 모양, 자전 등 관측 가능한 사실만으로 지구 내부가 어떤지 추론할 수 있습니다. 먼저 지구 질량은 약 5.976×10^{24}kg, 지구 부피는 1.0832×10^{12}km³입니다. 지구 질량을 지구 부피로 나누면 지구 밀도가 나오겠죠? 지구 밀도는 5.25g/cm³. 이게 어느 정도 숫자인지 감이 잘 안 오나요? 관악산에서 화강암을 하나 가져와서 밀도를 재어봅시다. 대체로 2.8g/cm³ 내외일 겁니다. 이번에는 제주도에 굴러다니는 현무암을 주워 밀도를 재어봅시다. 대체로 3.0g/cm³ 내외일 텐데, 화강암보다 현무암이 밀도가 약간 높다는 걸 알 수 있죠? 그리고 화강암과 현무암 모두 지구 밀도보다 훨씬 낮은 값이라는 걸 알 수 있네요.

화강암과 현무암을 예로 든 이유는 이들이 지각을 구성하는 대표 암석이기 때문입니다. 대륙은 대부분 화강암으로 구성되고, 지표의 70%를 덮고 있는 해양지각은 현무암으로 되어 있죠. 해양지각 위에 물이 있는데 해수 밀도는 1.2g/cm³(순수한 물은 1g/cm³)로 암석보다 훨씬 낮은 값이니, 지구 밀도는 지각을 구성하는 물질에 거의 2배에 육박합니다. 이는 무엇을 의미할까요? 지구 내부는 텅 비어 있지 않고 우리가 지표에서 흔히 접하는 물질보다 훨씬 더 무거운 물질로 채워져 있으리라는 사실입니다.

이제 지구의 모양을 볼까요. 아시다시피 지구는 구입니다. 그런데 지구는 얼마나 둥글까요? 이 질문에 당황할 사람도 있을 것 같은데 한 점에서 거리가 같은 점들의 집합이 구라면 얼마나 구에 가까운가를 나타내는 수치가 이심

률입니다. 완전한 구의 이심률은 0인데 지구의 이심율이 0.0167이니 지구는 정말 구에 가깝습니다.

다음, 지구는 하루에 한 바퀴씩 자전을 하죠. 지구의 자전 속도는 얼마나 될까요? 지구는 둥그니까 자전축과의 거리에 따라 지표상 속도는 모두 다를 테고, 지구 반경은 대략 6,400km 정도이므로 적도에서의 자전 속도를 계산해보면(2×3.14×6,400km/24h) 대략 1,674km/h 정도가 됩니다. 지구 적도상의 한 점은 1시간에 1,674km라는 어마어마한 속도로 달리는 것이죠. 서울 부산 간 거리를 약 500km로 잡는다면 이 거리를 약 20분 안쪽으로 주파하는 속도입니다. 반면 극점에서의 회전 속도는 0이겠죠.

적도에서의 원심력은 최대이고 극지에서의 원심력은 최소이기에 회전하는 구체는 타원형을 띠는 것이 자연스럽습니다. 17세기 아이작 뉴턴은 이미 지구가 매우 빠른 속도로 자전하기에 완전한 구가 아니라 적도 쪽이 부풀어 오른 타원체이리라고 추측했습니다. 현재 지구과학에서 널리 사용되는 '지구타원체' 모델이 바로 뉴턴에서부터 비롯됩니다. 지구 밀도가 5.25g/cm³ 정도라고 했는데, 만약 지구가 전체적으로 균질하게 위와 같은 밀도 분포를 갖는다면 지구의 적도 부분이 현재 관측치보다 약 20% 정도 더 부풀어 오른 타원체에 가까워야 한다고 합니다.

그런데 지구는 적도 지방이 20% 부풀어 오른 게 아니라 거의 구형에 가깝습니다. 신기하지 않나요? 지구가 이렇게 구형에 가까운 모습을 보인다는 것은 지구 내부가 균질하지 않다는 의미입니다. 지구의 질량 대부분이 지구 중심에 집중되어 있을 가능성이 높다는 것이죠. 만약 지구 내부가 텅 비어 있다면 지구는 적도가 훨씬 더 팽창한 타원체에 가까운 형태일 테니까요. 같은 속도로 회전시켰을 때 속이 빈 고무공이 속이 꽉 찬 고무공보다 훨씬 더 찌그러진다는 것과 같은 이치입니다. 지구의 크기, 질량, 모양, 자전에 대한 정보들로만 추론해봐도 지구 내부가 비어 있을 가능성은 매우 낮다는 걸 알 수 있습니다.

지구 내부는 어떻게 생겼나요?

앞 질문에서 지구 내부에는 밀도가 큰 물질이 들어 있다는 이야기를 했습니다. 지구 전체가 지상에 분포하는 물질과 유사한 물질로 구성되어 있지만 지구 내부의 큰 압력에 의해 압축되어서 평균 질량이 커졌을 가능성이 있을지 살펴봅시다. 예를 들어 눈을 뭉치면 그 평균 밀도가 훨씬 커지겠죠? 그러나 이론적 계산이나 실험 결과에 따르면 현무암이나 화강암에 아무리 높은 압력을 가해도 그 평균 밀도가 2배에 달할 정도로 증가하지는 않습니다. 현무암은 압축했을 때 에클로자이트라는 암석으로 변하는데 밀도가 현무암에 비해 훨씬 커지기는 해도 지구의 평균 밀도를 설명하기에는 부족합니다. 지구 내부는 우리가 지각에서 보는 물질과 아예 다른 물질이 들어 있을 수밖에 없는 것이죠. 19세기 유럽에서는 지구 내부에 밀도가 큰 물질이 들어 있음을 알았기에 가벼운 지각이 더 무거운 지구 내부 물질 위에 떠 있으리라는 구조 가설을 세웠습니다.

지구 내부 구조와 진화에 대한 획기적인 진전이 이루어진 것은 역시 20세기 이후입니다. 특히 지진파 탐사 방법이 확립된 이후부터 지구 내부 구조를 좀 더 구체적으로 그릴 수 있게 되었죠. 파동이 전파되는 속도는 매질마다 다릅니다. 예를 들어 음파는 공기보다는 물에서 더 빠르게 전파됩니다. 이런 속도 차를 잘 활용하면 파동이 통과한 곳에 어떤 밀도를 가진 물질이 분포하고 있는지 추론해볼 수 있죠. 크로아티아의 안드리야 모호로비치치가 지진파 속도 관측을 통해 지각 아래 지진파의 전파 속도가 더 빠른 층이 있음을 확인한 것은 1909년이었습니다. 맨틀의 발견이었죠. 지각 아래 맨틀이 있고 두 층 사이에 뚜렷한 경계가 있음을 처음 확인한 것입니다. 발견자의 이름을 따 지각과 맨틀의 경계를 모호로비치치 불연속면이라고 합니다.

독일의 베노 구텐베르크는 1914년 지구 내부 2,900km 깊이부터 일부 지진파가 전파되지 않는 액체로 된 구간이 존재한다는 사실을 발견했습니다. 지구 핵의 발견이었죠. 맨틀은 지각 아래 경계부터 2,900km까지 분포하고 그 아래부터는 확실한 경계를 두고 핵이 존재한다는 것입니다. 발견자의 이름을 따서 맨틀과 핵과의 경계를 구텐베르크 불연속면이라고 합니다.

1936년 덴마크 지구물리학자 잉에 레만은 5,100km를 경계로 핵 내부에 고체가 존재한다는 사실을 보여주었습니다. 내핵의 발견이었습니다. 외핵과 내핵의 경계를 레만 불연속면이라고 합니다. 핵을 발견함으로써 지구 내부에 매우 질량이 큰 물질이 존재한다는 가설이 사실임이 확인됩니다. 지진파 연구 결과에 따르면 지구는 지각-맨틀-핵이 차례로 나타나는 삼중 구조입니다. 지구 전체의 부피를 100%라고 하면 그중 맨틀이 약 85%를 차지합니다. 핵은 14%를 차지하며 지각은 1% 정도에 불과합니다.

지구 내부의 구조

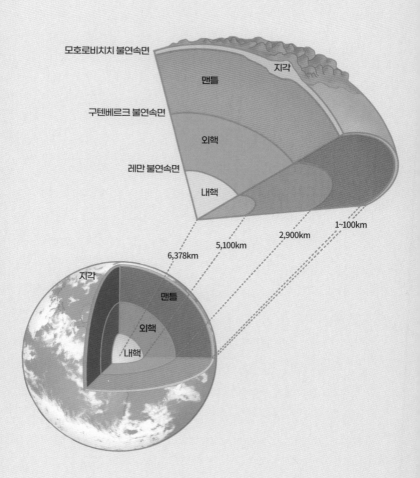

모호로비치치 불연속면

맨틀

지각

구텐베르크 불연속면

외핵

레만 불연속면

내핵

6,378km

5,100km

2,900km

1~100km

지각

맨틀

외핵

내핵

지구 내부 어디까지 뚫고 들어갔나요?

반경 약 6,400km에 달하는 지구를 그 중심부까지 뚫고 들어간다는 것은 상상에선 가능하지만 현실적으론 불가능합니다. 목표치를 대폭 낮추어 최소한 지각 바로 아래, 맨틀까지는 직접 뚫어 확인할 수 있지 않을까요? 지각과 맨틀의 경계인 모호면(모호로비치치 불연속면) 깊이가 해양 지각에서는 5~6km 정도에 불과하니 한번 도전해볼 만한 수준이죠.

실제로 모호면을 뚫고 들어가려는 시도는 계속 있어 왔어요. 1950년대 말 '프로젝트 모홀'이라는 과제가 추진된 적이 있었죠. 현재는 '미션 모호'가 진행이라는 소문을 들은 것 같습니다. 그러나 달성률은 매우 저조합니다. 뚫고 들어간 깊이가 고작 2km 정도에 불과하거든요. 현무암으로 구성된 단단한 암반을 깊이 뚫고 들어간다는 것은 기술적으로 매우 어렵습니다. '드릴'의 한계도 어려움 중 하나입니다. 드릴은 현재 기술 수준으로는 금속으로 만들 수밖에 없는데 뚫고 들어갈수록 지열이 증가하기에 고속 회전하면서도 이 온도를 견딜 수 있는 드릴을 아직 만들어내지 못했어요.

결국 모호면에 도달하기 위한 시도는 좌절됐지만 지구를 이해하기 위한 시추는 계속 진행되고 있습니다. 그중 가장 대표적인 것이 모홀 프로젝트에서 자극을 받아 1966년부터 시작된 일련의 시추 프로그램입니다. '심해 시추 프로그램DSDP: Deep Sea Drilling Program'에서 시작해 '해저 시추 프로그램ODP: Ocean Drilling Program', '종합 해저 시추 프로그램IODP: Integrated Ocean Drilling Program'을 거쳐 2013년 10월 이후 현재 '국제 해양 발견 프로그램International Ocean Discovery Program'으로 계승되고 있죠. 이 프로그램은 여러 나라가 비용을 분담하는 시스템으로 미국, 일본, 유럽연합이 가장 많은 비용을 분담합니다. 한국도 일부 비용을 분담했었지만 이제는 중단한 상황입니다.

거의 40년 동안 수행한 이 국제 공동 프로그램은 해저 시추를 통해 지구의 작동 메커니즘과 진화를 규명하고 미래를 예측한다는 원대한 꿈을 갖고 있습니다. 이 프로그램에서 운영하는 대표적인 시추선들이 미국에서 제작한 JR JOIDES Resolution과 일본에서 제작해 국제 사회에 기부한 '치큐호'입니다.

저는 2005년 JR에 승선했던 경험이 있습니다. 탐사 목적은 해양지각을 뚫어 하부 지각 시료를 채취하는 것이었죠. 해양지각은 크게 상부와 하부 2개 불연속적 층으로 나뉘는데 당시까지 하부 지각까지 뚫고 들어간 전례가 없었습니다. 당시 JR은 3개의 항차로 구성된 6개월에 걸친 시추 작업을 통해 하부 지각에 도달한다는 계획을 갖고 있었었죠. 시추 장소는 상부 지각이 가장 얇다고 추정된 지역이었습니다. 저는 3항차에 승선해서 하부 지각으로 뚫고 들어가는 현장을 직접 목격하는 영광을 누린 바 있습니다. 예측한 깊이에서 하부 지각이 올라왔을 때 그 감격을 잊을 수가 없군요. 그 결과는 2006년 사이언스지에 실린 바 있습니다.

지구 속 물질은
어떻게 알아낸 건가요?

지구 속이라면 땅 아래의 세계입니다. 그런데 땅만 쳐다봐서는 절대로 지구 내부 조성을 알아내지 못합니다. 지구 내부를 직접 들여다볼 방법이 현재로서는 전혀 없기 때문입니다. 지진파 탐사로 알아낼 수 있지 않냐고요? 지진파 탐사로 지구 내부 밀도 분포는 대략 알아내지만, 구체적으로 어떤 물질이 있는지는 확인 불가능합니다. 상자를 흔들어 그 안에 무엇이 들었는지 정확하게 맞히기는 힘들잖아요. 직접 뚫어볼 수도 없고 지진파로도 알아낼 수 없다면 지구 내부 구성을 어떻게 알 수 있을까요? 역설적이지만 지구의 내부 구성 물질을 알려주는 열쇠는 하늘에서 옵니다. 저 하늘에 빛나는 태양에 문제를 풀 열쇠가 숨어 있죠. 하늘에서 가끔 떨어지는 운석에서도 중요한 실마리를 찾습니다.

지구는 태양계의 일원입니다. 우리가 사는 지구는 정말 소중하지만 태양계 전체에서 보면 적어도 양적으론 미미한 존재입니다. 태양계라는 이름에서 보듯 태양계의 주인공은 태양이에요. 일단 태양계 질량의 99.86%를 태양이 차지합니다. 태양 질량은 지구 질량의 332,946배에 달합니다. 나머지 0.14% 중에서도 지구가 차지하는 비율은 미미합니다. 태양의 조성이 바로 태양계의 조성이라고 봐도 크게 틀리지 않습니다.

태양은 주로 수소와 헬륨으로 구성되어 있지 않나요? 라고 질문할 것 같은데 수소와 헬륨이 압도적이기는 해도 태양에는 주기율표상 모든 원소가 분포합니다. 태양빛의 스펙트럼을 분석해보면 어떤 원소가 얼마큼 존재하는지 알 수 있습니다. 그런데 흥미롭게도 수소와 헬륨을 뺀 태양의 조성과 운석의 조성이 비슷합니다. 자, 여기에서 지구도 수소와 헬륨을 뺀 태양의 조성과 비슷하리라는 가설을 세울 수 있지 않을까요? 거의 99.9%가 태양인데 지구의 조성이 태양과 달라야 할 이유가 없어 보이기 때문입니다.

지구 내부를 구성하는 물질은 직접 측정이 가능한 태양과 운석의 조성을 기본으로 하고 여기에 부분적이기는 하지만 우리가 직접 관찰할 수 있는 지각의 분석값, 부분적으로 노출된 맨틀의 분석값, 지진파 탐사 결과 등을 보충해 추론해낸 결과입니다. 현재는 실험실에서 지구 내부의 고온 고압을 어느 정도 구현할 수 있기에 다양한 고압 실험을 통해 지구 내부 물질의 특성을 보다 잘 이해하게 되었습니다.

지구의 조성과 운석의 조성이 유사하다는 것은 지구나 운석이나 비슷한 물질 즉 우주먼지가 뭉쳐 형성됐음을 암시합니다. 그리고 지구와 운석이 거의 같은 시기에 형성됐음도 추론 가능합니다. 우주의 시작이 빅뱅이라면 지구의 시작은 지구를 구성하는 우주먼지가 뭉쳤던 때로 잡을 수 있습니다. 이것을 전제로 계산한 지구 나이는 약 46억 년입니다. 138억 년 전 빅뱅을 통해 우주가 탄생한 후 약 90억 년이 지난 다음에야 태양계와 지구가 탄생한 것입니다.

우주는 팽창한다는데
지구도 팽창할 가능성은 없나요?

　재밌는 질문이네요. 지구가 팽창할까요? 우주도 팽창하는데 지구라고 팽창 못 할 리 없지 않냐고요? 흥미롭게도 과학계에서 지구가 팽창한다는 주장이 있었습니다. 그것도 판구조론이 태동하던 20세기 중반에 말입니다. 호주 지구과학자 사뮤얼 캐리가 그 주인공입니다. 판구조론 탄생에 결정적인 기여를 한 발견은 해저 확장입니다. 중앙해령을 중심으로 새로운 지각이 계속 형성된다는 것이 바로 해저확장설인데, 해저확장설은 바다가 넓어진다는 의미이기도 했거든요. 사뮤얼 캐리는 해저확장설을 초기에 받아들인 과학자들 중 하나였습니다.

　그런데 캐리는 여기서 한 걸음 더 나아갑니다. 바다가 넓어진다는 것은 지구가 팽창한다는 의미 아닐까? 사뮤얼 캐리는 우주가 팽창하면 지구도 팽창할 수 있다고 믿었습니다. 지질조사를 다니면서 지구 팽창 증거를 열심히 찾았고 물리학적으로 증명하려 노력했습니다. 동료 과학자들은 미쳤다고 했지만 캐리는 고집을 꺾지 않고 자신이 수집한 증거와 이론적 해석을 종합해 책까지 출판합니다. 현재 지구 팽창설을 믿는 사람은 거의 없습니다. 독창적이고 형식적으로는 아름답지만 황당한 가설로 남아 있죠. 사뮤엘 캐리는 아주 중요한 부분을 간과했습니다. 해저가 확장하기만 하는 게 아니라 소멸하기도 한다는 사실 말입니다. 지구가 팽창한다는 증거는 열심히 수집했지만 판이 섭입대에서 소멸한다는 수많은 증거는 애써 무시했던 것이죠.

맨틀에 보석이 많다던데 진짜인가요?

맨틀은 지구에서 가장 많은 영역을 차지하는 부분입니다. 부피로는 85%, 질량으로는 65%니 맨틀을 이해하지 않고서는 지구를 이해하지 못했다고 해도 과언이 아닙니다. 맨틀은 저 아래 지하에 있어서 직접 볼 수 없지만 우리가 접하는 지각을 이해하려면 맨틀을 알아야 합니다. 지각이 맨틀에서 기원했기 때문입니다.

맨틀은 무엇으로 이루어져 있을까요? 색다를 건 없습니다. 맨틀도 암석으로 되어 있습니다. 흔히 보는 화강암이나 현무암과는 매우 다른 돌이지만요. 상부 맨틀은 주로 감람암이라는 암석으로 구성되어 있는데, 감람암 하니 낯설게 느껴지겠지만 감람은 올리브를 번역한 말입니다. 가끔 먹는 그 올리브 열매 말입니다. 올리브 열매는 어떻게 생겼나요? 초록색이고 타원형으로 생겼죠. 감람암을 구성하는 광물이 올리브 열매처럼 생겼다고 해서 올리빈이라고 하는데, 이걸 번역한 말이 감람석인 것이죠. 감람암에는 감람석 즉 올리빈이 70% 정도 차지하고 있고, 휘석 등 다른 광물이 나머지 부분을 차지하고 있습니다. 감람석은 연두색이고 아주 예뻐서 보석으로 인기 있답니다. 보석 페리도트 들어봤나요? 그 페리도트가 맨틀의 주 구성 광물인 올리빈 즉 감람석의 다른 이름입니다. 맨틀에는 탄소가 꽤 있는데 워낙 고압 환경이다 보니 다이아몬드로 존재합니다. 그러고 보면 맨틀에는 정말 보석이 많네요. 다이아몬드도 있고 페리도트도 있으니까요. 하지만 맨틀까지 직접 뚫고 들어가는 일은 현대 기술로는 불가능에 가깝습니다. 설령 언젠가 뚫고 들어간다고 해도 너무 많으면 가치가 떨어지지 않을까요?

지구 핵 때문에 지구가 폭발할 가능성이 있나요?

　지구가 폭발한다니, 어마어마한 상상력이네요. 지구 외핵은 액체로 되어 있습니다. 그런데 질량이 아주 큰 철과 니켈로 구성되어 있죠. 폭발은 부피가 급격히 증가해 일어나는 현상입니다. 그러나 외핵은 금속 성분이고 휘발성이 거의 없기에 부피가 급격히 팽창할 가능성은 전무합니다. 오히려 뭉치려는 경향이 강하죠. 지구가 적도 부분이 부푼 타원이 아닌 거의 구형을 유지하는 이유는 핵이 가운데에 자리 잡아 뭉치려고 하기 때문입니다. 외핵은 지구의 모양을 유지시키는 기능을 하고 있는 셈이죠. 게다가 외핵은 맨틀이라는 매우 단단한 껍질로 둘러싸여 있습니다. 폭발성 없는 물질이 단단한 껍질에 싸여 있으니, 폭발할 일은 없지 않을까요?

달팽이의 분포가 대륙이 이동한 증거인가요?

　독일 지구물리학자 알프레드 베게너는 대서양을 사이에 둔 유라시아-아프리카 대륙과 아메리카 대륙의 해안선이 유사하다는 사실에 착안해, 이 대륙들이 판게아라는 거대한 대륙으로 뭉쳐 있다가 쪼개진 후 이동해 현재처럼 분포하게 됐다고 주장했습니다. 물론 베게너가 해안선의 유사성만으로 대륙이동설을 주장한 것은 아닙니다. 두 대륙 간 지질 구조와 화석 연속성 등 다양한 증거를 제시했었죠. 달팽이 분포도 그중 하나였습니다. 정확히 말해 정원 달팽이인데 이 달팽이는 대서양을 사이에 두고 북아메리카 동부와 유럽 서부에 각각 서식합니다. 자그마한 달팽이가 대양을 건너다닐 수는 없기에 베게너는 두 대륙이 원래 하나였다는 증거로 생각했던 것이죠.

대륙이동설은 왜 당대에
받아들여지지 않았을까요?

베게너가 제시한 대륙이동설의 증거들은 당대 학계에 어느 정도 알려져 있었습니다. 하지만 당시 지질학자들은 바다를 사이에 둔 두 대륙 사이에 생물이 건너다닐 수 있는 육교가 있었을 거라 추측했습니다. 지금 생각하면 이 또한 매우 황당하지만, 당시에는 거대한 대륙이 이동한다는 게 더 황당한 주장이라 생각했던 것이죠. 왜 베게너는 당대 학계를 설득하는 데 실패하고 말았을까요?

당시 이미 대륙이 무거운 맨틀 위에 떠 있다는 인식이 확립돼 있었습니다. 무겁고 딱딱한 고체인 맨틀 위에 박힌 거대한 대륙이 어떻게 움직일 수 있을까요? 베게너는 지구 자전에 의한 관성력 등 다양한 가설을 제시했지만 어떠한 힘도 거대한 대륙을 움직이기엔 약했습니다. 베게너가 대류이동설 증거로 제시한 다양한 자료는 지금 봐도 경탄할 만큼 광범위합니다. 대륙이 이동했다는 상상을 한 사람은 이전에도 있었지만 베게너를 대륙이동설의 원조라고 인정하는 것은 그가 수집한 자료의 방대함 때문입니다. 하지만 수많은 증거가 있음에도 불구하고 대륙이 움직이는 메커니즘을 설명할 수 없었기에 대륙이동설은 폐기 수순을 밟게 됩니다.

대륙이동설은 과학이란 무엇인가를 이해하는 데 도움이 되는 유익한 사례입니다. 아무리 증거가 많아도 가장 핵심적인 부분을 설명하지 못하면 정설로 받아들여지지 않는다는 것을 잘 보여주기 때문입니다. 저는 베게너를 코페르니쿠스와 비교하곤 합니다. 코페르니쿠스의 지동설은 매우 아름답고 많은 현상을 설명하지만, 왜 지구가 돌고 있는데 그 위에 사는 인간이 느끼지 못하는지, 지구가 공전과 자전을 하도록 하는 힘은 무엇인지에 답하지 못했습니다. 코페르니쿠스는 그런 문제의식 자체가 없었을지도 모릅니다. 코페르니쿠스가 근대과학의 선구자이기는 해도 근대과학을 만든 사람이 될 수 없는 이유입니다. 이 문제는 케플러와 갈릴레이를 거쳐 뉴턴에 의해 해결됐습니다. 베게너는 매우 훌륭한 과학자였지만 코페르니쿠스처럼 시대적인 한계를 넘지 못했던 것이죠.

대륙이 왜 이동하는가? 라는 물음에 대한 답은 20세기 중반 등장한 판구조론이 제시했습니다. 대륙의 이동을 설명하기 위해서는 지각-맨틀 구조를 넘어 새로운 지구 구조 개념과 이해가 필요했던 것이죠.

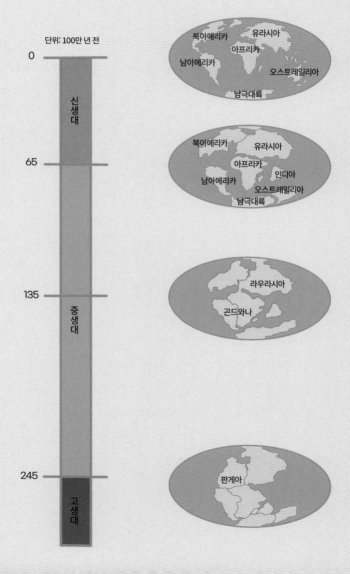

판게아에서 현재 대륙 분포까지

지진이 발생할 때마다
언론에 등장하는 판구조론이란 무엇인가요?

　판구조론. 지구과학 시간에 많이들 들어보셨죠? 판구조론은 간단하게 말하면 지구의 외각이 여러 개의 판들로 구성되어 있고 수많은 지질 현상이 판들의 상호작용으로 인해 발생한다는 이론이에요. 여기서 판이란 무엇일까요? 일단 지구 외각의 딱딱한 층이라고 보면 됩니다. 그 아랜 유연한 층이 놓여 있죠. 판에 대해선 다음 기회에 좀 더 자세히 설명할게요. 판구조론에서는 판들이 상호작용하는 경계가 중요합니다. 판의 경계는 판과 판이 멀어지는 발산 경계, 판과 판이 만나는 수렴 경계, 판과 판이 스치는 보존 경계, 이렇게 세 가지로 분류할 수 있습니다.

　발산 경계의 대표적인 예가 바로 중앙해령입니다. 판이 서로 멀어진다고 해서 그 사이에 틈이 생긴다고 생각하시

면 안 됩니다. 그 사이로 새로운 물질이 계속 올라와 틈을
채워나가기 때문이죠. 이것이 바로 해양지각과 판이 형성
되는 과정입니다.

수렴 경계는 두 가지 타입으로 분류할 수 있습니다. 첫
째는 판과 판이 만날 때 한 판이 다른 판 아래로 숙이고
들어가는 경우입니다. 두 판의 밀도 차가 클 때 일어나는
데 밀도가 큰 판이 아래로 숙이고 들어갑니다. 해구가 바
로 이 경우입니다. 해구의 수심이 깊은 것은 이런 이유 때
문이죠. 구체적인 예는 환태평양 조산대입니다. 환태평양
조산대에서 지진과 화산활동이 빈번한 건 알고 있죠? 둘
째는 두 판의 밀도가 비슷해서 서로 양보를 하지 않는 경
우입니다. 대륙 충돌대죠. 유라시아판과 호주-인도판의 충
돌이 대표적인 경우입니다. 호주-인도판이 유라시아판을
밀어붙여 솟구친 것이 바로 히말라야산맥입니다.

보존 경계의 대표는 변환단층입니다. 변환단층은 중앙
해령에 수직으로 발달한 단층인데 판들이 서로 스쳐 지나
가는 경계이기 때문에 판이 생기지도 소멸하지도 않죠. 판
사이의 마찰 때문에 지진이 끊임없이 발생합니다.

판들의 상호작용에 의해 발생하는 지진과 화산도 중요
하지만 판의 이동이 가져오는 효과도 매우 중요합니다. 판
의 이동이 대서양과 북극해 성장, 남극대륙의 고립, 태평

양과 대서양의 상호 차단을 초래했고 현재 해류 패턴이 형성되는 데 결정적인 작용을 했습니다. 판은 계속 이동하기에 대륙 배치는 앞으로도 달라질 테고 해류도, 기후도 변화할 겁니다. 이것은 인간이 개입하지 않아도 일어나는 자연적인 변화입니다. 지구는 판구조 덕분에 역동적인 행성이 됐습니다. 다양한 생명이 살아갈 수 있는 환경이 유지된 것도 판구조 덕분으로 볼 수 있습니다.

판구조론에서 판이란 대체 무엇인가요?
지각과 어떻게 다른가요?

지구는 지각-맨틀-핵의 구조로 되어 있습니다. 그렇다면 판은 지각, 맨틀, 핵 중 어디에 해당할까요? 판구조론의 판은 지각도 아니고 맨틀도 아닙니다. 물론 핵도 아니죠. 판구조는 지각-맨틀이라는 기본 구조와는 다른 관점에서 본 지구의 구조입니다. 판구조는 지각-맨틀 구조로만은 설명하지 못하는 지구의 현상을 설명합니다.

지각-맨틀-핵은 화학 성분 차이에 의한 구분입니다. 대륙지각은 화강암, 해양지각은 현무암, 맨틀은 감람암, 핵은 철-니켈 합금으로 각각 화학 성분이 다른 것이죠. 반면 판 구조는 화학 조성의 차이가 아닌 물성의 차이 때문에 발생한 구조입니다. 화학 성분이 달라도 물성은 같을 수 있습니다. 지구는 지표부터 시작해 맨틀의 특정 깊이까지는 딱딱한 상태를 유지합니다. 그런데 더 깊어지면 높은 온도와 압력 때문에 같은 맨틀 성분임에도 물성이 변해 유연해지면서 흐를 수 있는 상태가 됩니다. 지각과 맨틀의 딱딱한 부분을 판, 다른 용어로는 암권이라고 합니다. 판 아래에 놓인 흐를 수 있는 맨틀의 부분은 연약권이라고 합니다. 물리적으로 암권은 연약권 위를 미끄러지듯 움직입니다. 판구조론은 연약권 위에 놓인 판이 미끄러져 움직이는 메커니즘을 밝힘으로써 베게너가 풀지 못한 난제를 해결했던 것이죠.

다시 대륙이동설로 돌아가 볼까요? 대륙이동설에서는 대륙이 맨틀 위에서 능동적으로 움직인다고 생각했습니다. 판구조론의 관점은 이와는 다릅니다. 대륙은 암권 위에 붙어 암권이 움직임에 따라 같이 움직이는 수동적인 부분입니다. 컨베이어 벨트 위에 놓인 물건이 이동하는 모습을 연상하시면 됩니다. 움직이는 주체는 컨베이어 벨트고 물건은 따라 움직일 뿐이죠. 판구조론에 따르면 대륙이 이동한다는 것은 피상적 관찰에 불과했던 것이죠. 맨틀 위에서 대륙이 움직인다는 것은 물리적으로 설명이 불가능하지만 연약권 위에서 움직이는 암권은 물리적으로 설명 가능합니다.

저는 판구조론을 고체 지구의 순환 이론으로 정리하곤

합니다. 암권과 연약권의 상호작용을 통해 맨틀이 순환하기 때문이죠. 좀 더 구체적으로 설명하면 중앙해령에서 암권이 형성되고 섭입대에서 암권이 연약권으로 파고들어 소멸합니다. 판을 움직이는 힘은 무엇일까요? 여러 가지가 있지만 가장 큰 힘은 암권이 섭입대에서 연약권으로 빨려 들어가면서 당기는 힘입니다. 이 과정에서 해양지각이 만들어지고 화산이 폭발하고 지진이 일어나며 대륙이 이동하고 지구 내부 물질이 밖으로 나가고 지구 표면 물질이 내부로 들어갑니다. 판구조론은 지구의 과거, 현재 그리고 미래를 이해하는 데 있어 필수적인 이론입니다.

지진과 화산 폭발이 일어나는 원인이 뭔가요?

　지진과 화산 하면 많은 사람이 불의 고리 즉 환태평양 조산대를 떠올릴 것 같네요. 실제로 환태평양 조산대에서 대규모 지진의 80~90% 발생하며 대규모 화산 폭발도 자주 일어납니다. 환태평양 조산대는 남극대륙을 제외한 태평양을 둘러싸는 대륙에 가깝게 분포합니다. 대륙 연변부가 불의 고리의 영향을 많이 받는 셈인데 남북아메리카 서부, 일본, 대만에 지진과 화산이 잦은 이유죠. 한반도는 불의 고리에서 어느 정도 거리를 두고 있기에 지진과 화산의 영향을 적게 받는 편입니다. 지진과 화산은 다양한 이유로 발생하지만 여기서는 환태평양 조산대로 설명하는 영역을 한정하도록 하겠습니다. 그렇지 않으면 내용이 너무 많아질 것 같아서요.

왜 환태평양 조산대에서 지진과 화산이 빈번하게 발생하는 것일까요? 판구조론이 이 질문에 대해 답을 해줍니다. 한마디로 환태평양 조산대는 판이 섭입하는 곳입니다. 태평양 중앙해령에서 만들어진 지판이 소멸하는 곳이죠. 판이 섭입하면 왜 지진과 화산이 발생할까요? 먼저 지진을 알아볼까요? 지진을 이해하려면 자가 부러지는 과정을 연상하시면 됩니다. 자를 구부리면 휘어지다가 한계에 다다르면 부러지고 말죠. 지진도 비슷합니다. 암권에 계속 압력이 가해지면 변형이 일어나다가 어느 한계에 다다르면 약한 곳에 파열이 일어나면서 지진이 발생합니다. 암권에서 약한 곳은 대개 단층대입니다. 단층에서 지진이 자주 발생하는 이유입니다.

환태평양 조산대는 태평양판이 섭입하면서 유라시아판을 밀어붙이는 장소입니다. 이 밀어붙이는 힘이 유라시아 지판에 탄성에너지로 축적됩니다. 그러다 임계점을 넘으면 축적된 힘을 해소하기 위해 단층을 따라 움직여서 지진이 발생하는 것이죠. 물론 지진은 환태평양 조산대에서만 발생하지 않습니다. 판이 충돌하는 곳이면 어디든지 지진이 발생합니다. 중국이나 네팔에서 발생하는 지진이 이런 경우죠.

다음으로 화산에 대해 알아볼까요? 화산은 기본적으

로 맨틀이나 지각 암석이 부분적으로 녹아 마그마가 형성되어 위로 상승, 분출하는 현상입니다. 화산이 발생하려면 맨틀이든 지각이든 부분적으로 녹아야 합니다. 특별한 환경 변화가 없으면 맨틀 용융점이 해당 깊이의 온도보다 높기 때문에 맨틀은 녹지 않고 고체 상태를 유지합니다. 마그마는 맨틀이 상승하거나 물을 공급받아 주변보다 용융점이 낮아지면서 부분적으로 녹아 만들어집니다. 환태평양 조산대의 화산활동은 후자 즉 맨틀에 물이 공급되어 용융점이 낮아진 것이 그 원인이라고 보시면 됩니다. 섭입하는 태평양 지판은 오랜 기간 해수와 반응했기에 많은 양의 물을 머금고 있습니다. 이러한 태평양 지판이 지구 내부로 섭입해 들어가면 높아진 압력 때문에 물이 빠져나와 주변 맨틀에 물을 공급합니다. 그 결과 맨틀이 녹게 되는 거죠. 환태평양 조산대의 많은 화산들은 태평양 지판이 맨틀에 공급한 물 때문에 만들어진 마그마가 분출하는 것입니다.

마그마가 대체 뭔가요? 용암과 다른가요?

한마디로 말해 용암은 볼 수 있지만 마그마는 직접 볼 수 없습니다. 화산에서 흘러나오는 게 마그마 아니냐고요? 화산에서 흘러나오는 건 용암입니다. 용암이 굳어지면 암석이 됩니다.

그렇다면 마그마는 대체 뭘까요? 맨틀 혹은 지각이 부분적으로 녹아서 만들어진 액체가 지하에 머물러 있을 때 이것을 마그마라고 합니다. 그런데 이 마그마는 매우 독특한 물질입니다. 용융된 암석과 가스가 섞여 있기 때문입니다. 둘은 같이 섞이기 힘듭니다. 용융 암석은 온도가 엄청나게 높을 수밖에 없는데 가스가 이런 고온에서 가만히 있을 리 없잖아요. 용융 암석과 가스가 공존할 수 있는 건 지하 깊은 곳에 갇혀 엄청난 압력을 받고 있기 때문입니다. 화산 분출은 마그마가 지표 위로 상승해 솟구치는 현상인데 지표로 나오는 순간 바로 용융 암석과 가스는 분리됩니다. 분출하는 순간 마그마가 아닌 존재가 되어버리는 거죠. 가스가 대부분 빠져나간 용융 암석이 바로 용암인 것입니다.

위험한 화산을 연구하는 이유가 무엇인가요?

화산은 이따금 폭발해서 큰 피해를 가져오는 공포의 대상 정도로 인식되어 있는 것 같습니다. 베수비오 화산 폭발로 인한 폼페이시의 멸망이라는 역사적 사건도 이런 인식에 한몫했을 것입니다. 그러나 화산은 이런 단순한 이미지보다는 훨씬 다양한 모습을 하고 있고 지구 환경에 미치는 영향도 매우 큽니다. 그리고 상상하는 것만큼 위험하지도 않습니다. 인류에게 직접적인 피해를 줄 만큼 강력하게 폭발하는 화산은 아마 전체 화산의 0.1%도 안 될 거예요. 대부분 화산은 심해에서 조용히 분출하기 때문이죠. 심해에서 조용히 분출하는 화산이 바로 중앙해령입니다. 중앙해령은 지판이 생성되는 경계에 해당하죠. 바다 아래 지각 즉 해양지각이 중앙해령에서 형성되니 바다 아래 대부분은 화산으로 덮여 있는 셈입니다.

"화산은 위험하다"는 이미지가 너무 강해서 꼭 그런 건 아니라고 말하긴 했지만 물론 어떤 화산들은 매우 위험합니다. 인도네시아의 머라삐 화산이 대표적이죠. 폭발 가능성이 있는 위험한 화산 주변에 사는 사람들에게 화산 연구는 매우 중요할 수밖에 없습니다. 화산이 언제 폭발할지, 규모는 어느 정도가 될지를 예측할 수 있어야 대비가 가능해지기 때문이죠. 지진은 예측이 어렵지만 화산의 경우 장기적으로 관측하면 폭발을 어느 정도 예측할 수 있습니다. 화산 주변의 지진을 모니터링하거나 가스를 채취해 분석하는 등 여러 가지 방법이 있거든요. 다행이죠? 한마디로 위험한 화산은 위험하기 때문에 연구해야 하는 것입니다. 위험한 화산 주변에 살고 있지 않은 우리에겐 실감 나는 이야기는 아닐 것 같네요.

재해를 대비하기 위한 연구가 아니더라도 화산 연구는 중요합니다. 화산은 지구 내부에 대한 정보를 주는 중요한 통로이기 때문이죠. 예를 들어 중앙해령 연구는 지구 이해에 필수 불가결입니다. 호상열도, 판내부 화산활동 역시 중요하죠. 지구 환경 연구에도 화산은 매우 중요합니다. 화산은 끊임없이 활동하면서 지구의 환경을 유지시켜주는 역할을 하고 있기 때문이죠.

화산 폭발은 지구 환경 변화에도 큰 영향을 끼쳐 왔습니다. 예를 들어 눈덩이 지구라고 지구가 적도까지 전부 얼음으로 덮여 있던 시절도 있었습니다. 6, 7억 년 전 이야기죠. 눈덩이 지구를 녹이고 지구를 다시 따듯한 행성으로 바꾸어준 것도 화산입니다. 화산은 매우 파괴적이기도 합니다. 현생누대에 있었던 5번의 대멸종은 모두 화산 폭발과 관련이 있죠. 이쯤 오면 화산이 대체 위험하다는 건지 아니라는 건지 헷갈리실 것 같네요. 화산은 위험하다 안 위험하다를 떠나 매우 다양한 작용을 하고 있다는 걸 말씀드리고 싶었습니다. 화산을 빼고 지구 연구가 가능할지 싶네요.

서당개 삼 년이면 풍월을 읊는다는 속담이 있습니다. 제 전공 분야와 거리가 있는 질문들에 대해서도 미흡하나마 답변을 작성할 수 있던 것은 다양한 전문가가 포진해 있는 극지연구소라는 환경 덕분입니다. 극지에 관한 대화가 일상적일 뿐아니라 궁금한 것이 있으면 전문가들에게 직접 물어볼 수도 있기 때문이죠. 몇몇 답변을 쓰는 데 동료 연구원들의 직접적 검토가 많은 도움이 되었습니다. 펭귄에 대해 조언해주신 이원영 박사님, 남극 물고기에 대해 조언해주신 김진형 박사님, 김보미 박사님, 국제종자보관고 원고를 검토해주신 이유경 박사님, 빙하 시추 관련 자문을 해준 정지웅 선임기술원님, 드라이밸리와 빙하 미생물에 대해 조언해주신 김옥선 박사님, 남극조약에 대해 설명해주신 서원상 박사님, 북극이사회와 북극 원주민에 대해 구체적인 정보를 주신 서현교 박사님께 감사드립니다. 물론 내용에 오류가 있다면 전적으로 저자의 책임임을 밝혀둡니다.

초판 1쇄 발행 2024년 7월 17일

지은이 박숭현
그린이 김세진

펴낸이 이정화
펴낸곳 정은문고
등록번호 제2009-00047호 2005년 12월 27일
전화 02-392-0224
팩스 0303-3448-0224
이메일 jungeunbooks@naver.com
페이스북 facebook.com/jungeunbooks
블로그 blog.naver.com/jungeunbooks

ISBN 979-11-85153-69-8 03450

※ 대부분의 답변은 새로 쓴 것이지만 몇몇 답은 과거 월간 『해피투데이』와 「문화일보」에 연재했던 글들을 모태로 수정한 것입니다.
※ 이 책의 집필은 극지연구소 연구 과제(PE24050)의 지원을 받았습니다.